BASIC PRINCIPLES AND PRACTICAL APPLICATIONS OF

MACHINE VISION

机器视觉

基础原理与实践应用

胡松钰　杨爱喜　贺亦可◎著

化学工业出版社

·北京·

内容简介

《机器视觉基础原理与实践应用》系统阐述机器视觉技术体系，涵盖基础理论、硬件构成、核心算法及行业应用。首先，解析了机器视觉工作原理、产业链图谱及工业相机、镜头、光源的选型方法；其次，深入探讨图像分类（主动学习）、目标检测与跟踪、图像分割（经典算法与深度学习）、缺陷检测（汽车漆面 / 玻璃 / 锂电池）等关键技术，以及 Transformer、GAN 等前沿模型；最后聚焦汽车工业（特征识别 / 视觉引导）、物流（分拣 /AMR 感知）、农业等场景的实践方案。全书以"理论 - 技术 - 实践"为主线，突出工业缺陷检测、双目视觉等工程痛点，为读者提供从硬件配置到算法部署的全链路知识。

本书适合工业自动化、算法研发等方向的技术人员阅读，也可以作为高校计算机、智能制造等相关专业的教材使用。

图书在版编目（CIP）数据

机器视觉基础原理与实践应用 / 胡松钰，杨爱喜，贺亦可著. -- 北京 : 化学工业出版社，2025. 6.

ISBN 978-7-122-48568-7

Ⅰ. TP302. 7

中国国家版本馆CIP数据核字第202521YB34号

责任编辑：雷桐辉　　文字编辑：宋　旋

责任校对：王鹏飞　　装帧设计：王晓宇

出版发行：化学工业出版社（北京市东城区青年湖南街 13 号　邮政编码 100011）

印　　装：北京云浩印刷有限责任公司

710mm×1000mm　1/16　印张 11½　字数 211 千字　2025 年 9 月北京第 1 版第 1 次印刷

购书咨询：010-64518888　　售后服务：010-64518899

网　　址：http://www.cip.com.cn

凡购买本书，如有缺损质量问题，本社销售中心负责调换。

定　　价：69.80 元

前言
Preface

在工业自动化系统中，机器视觉能够以机器的“眼睛”代替人眼，从而为工业制造赋予能量。机器视觉的应用范围十分广泛，工业生产中的目标识别、产品检测、尺寸测量、设备定位等环节均是机器视觉发挥价值的舞台。也就是说，在大批量重复性的工业生产过程中，机器视觉的应用可以极大提高生产效率、灵活性和自动化程度；而在一些不适合人工作业的危险工作环境或者人工视觉难以满足要求的场合，机器视觉也能够大有作为。

作为人工智能快速发展的一个分支，机器视觉技术的起源可以追溯至20世纪50年代。21世纪起，伴随着工业化技术的发展，我国机器视觉产业逐步进入发展阶段；2020年，人工智能算法的快速发展，驱动机器视觉技术不断取得突破，应用领域也得以逐渐拓展，机器视觉产业迎来高速发展期。

机器视觉涉及多项技术，比如传感器技术、光学成像技术、机械工程技术、图像处理技术、计算机软硬件技术等。典型的机器视觉应用系统也配置了多个模块，包括光源系统模块、图像捕捉模块、图像数字化模块、数字图像处理模块、智能判断决策模块和机械控制执行模块等。与人眼相比，机器视觉的优势是显而易见的。机器视觉系统不仅更稳定、更精确、更可靠，而且在重复性和适应性方面表现更佳，还能识别和应用除可见光以外的其他光源信息。因此，机器视觉在工业生产中的应用可以提高检测速度和准确性，进而提升工业生产的效率和质量。

近几年，大数据、云计算、工业机器人等领域均呈现出良好的发展势头，这些领域的发展也将进一步促进机器视觉领域的技术创新和应用拓展。比如，在工业机器人、云端深度学习、3D成像等方面，机器视觉都有望得到更深层次的应用。

与美国、德国等工业发达国家相比，我国智能制造行业的起步较晚，但得益于国家政策的支持以及工业互联网、物联网、人工智能等新兴技术的快速发展，我国制造业的自动化、数字化、集成化、智能化水平不断提升，智能制造行业的市场规模呈现快速增长的态势。目前，智能制造的应用场景不断拓宽，企业对智能装备的需求也在持续增加，越来越多的制造企业可以将机器视觉技术应用于产品生产等流程中，以实现生产效益的最大化。在智能制造的众多细分市场中，机器视觉因具有广阔的应用前景而被寄予厚望。

由于制造领域具有系统性、复杂性等特点，机器视觉技术的研发和应用将是一个长期持续的过程。本书立足于“加快构建新发展格局，着力推动高质量发展”的大背景，结合作者团队多年来在机器视觉领域积累的经验和成果，分别从机器视觉概述、机器视觉的硬件系统构成、基于主动学习的图像分类、图像处理与识别技术、目标检测与跟踪技术、机器视觉的图像分割技术、机器视觉的缺陷检测技术、机器视觉的行业实践这八大维度出发，全面阐述了机器视觉的基础原理与实践应用。

本书研究内容依托于 2022 年度浙江省“尖兵”“领雁”研发攻关项目（课题编号：2022C04023）；中央高校基本科研业务费（课题编号：226202400229）；汽车漆面检测校企合作项目（课题编号：校合 -2024-KYY-506215-0008），阐述了机器视觉基本概念原理、关键技术与应用案例，对从事机器视觉、机械设计制造及自动化、机械电子工程等相关专业的人员具有较高的参考价值，可供智能制造行业的政策制定者、企业管理者、科研工作者等人员阅读参考，也可作为国内高校相关专业的本科生、研究生的专业课程教材或相关工程技术人员的进修资料及培训用书。

著者

目录
Contents

第 1 章
机器视觉概述……001

1.1 机器视觉的基础知识……002
1.1.1 机器视觉技术的工作原理……002
1.1.2 机器视觉技术的发展历程……004
1.1.3 机器视觉系统的关键部分……006
1.1.4 机器视觉技术的发展趋势……008
1.2 机器视觉产业链图谱……010
1.2.1 典型机器视觉系统组成……010
1.2.2 机器视觉产业链分析……011
1.2.3 国外机器视觉主流厂商……014
1.2.4 国内机器视觉主流厂商……015
1.3 双目立体视觉系统原理……017
1.3.1 双目视觉的视差与深度……017
1.3.2 双目相机的相关坐标系……018
1.3.3 双目相机的畸变系数……020
1.3.4 双目相机的标定方法……021
1.3.5 双目立体匹配的算法……023

第 2 章
机器视觉的硬件系统构成……026

2.1 工业相机的类型与选型参数……027

2.1.1 工业相机的类型划分 …… 027
2.1.2 工业相机的主要参数 …… 029
2.1.3 工业相机的选型步骤 …… 031
2.2 工业镜头的分类与主要参数 …… 032
2.2.1 根据有效像场划分 …… 032
2.2.2 根据镜头焦距分类 …… 032
2.2.3 根据接口类型划分 …… 033
2.2.4 特殊用途的工业镜头 …… 034
2.2.5 工业镜头的主要参数 …… 034
2.3 工业光源的类型与选型技巧 …… 039
2.3.1 影响光源选择的因素 …… 039
2.3.2 工业光源的照明设计 …… 040
2.3.3 LED 光源的特点与类型 …… 041
2.3.4 光源的选型技巧与要点 …… 045

第 3 章
基于主动学习的图像分类 …… 047

3.1 主动学习图像分类的基础知识 …… 048
3.1.1 主动学习的概念与框架 …… 048
3.1.2 主动学习图像分类方法 …… 049
3.1.3 图像数据预处理的方法 …… 050
3.1.4 样本的选择策略与设计 …… 051
3.2 基于模型驱动的图像分类算法 …… 052
3.2.1 基于深度学习的模型 …… 052
3.2.2 基于生成对抗网络 …… 056
3.2.3 基于深度强化学习 …… 057
3.2.4 基于 Transformer 结构 …… 058
3.3 基于数据驱动的模型分类算法 …… 059
3.3.1 基于图像增广的分类算法 …… 059
3.3.2 基于特征插值的分类算法 …… 063
3.3.3 基于数据分布的分类算法 …… 064

3.3.4 主动学习图像分类面临的挑战 …… 065
3.3.5 主动学习图像分类的研究方向 …… 066

第 4 章
图像处理与识别技术 …… 068

4.1 机器视觉的图像处理技术 …… 069
4.1.1 图像采集 …… 069
4.1.2 特征提取 …… 071
4.1.3 图像预处理 …… 072
4.1.4 图像增强 …… 073
4.1.5 图像分割 …… 074
4.1.6 图像压缩编码 …… 076
4.1.7 图像复原 …… 077
4.2 机器视觉的图像识别技术 …… 078
4.2.1 图像识别原理与特点 …… 078
4.2.2 图像识别的关键技术 …… 080
4.2.3 基于机器视觉的机器人 …… 082
4.2.4 机器人的视觉识别过程 …… 084
4.3 机器视觉图像识别的方法 …… 085
4.3.1 统计法 …… 085
4.3.2 句法识别法 …… 086
4.3.3 神经网络方法 …… 086
4.3.4 模板匹配法 …… 087
4.3.5 霍夫变换法 …… 088
4.3.6 深度学习法 …… 088
4.3.7 Blob 分析法 …… 092

第 5 章
目标检测与跟踪技术 …… 094

5.1 基于深度学习的目标检测算法 …… 095

5.1.1 运动目标检测图像处理及算法……095
5.1.2 基于候选区域的目标检测模型……096
5.1.3 基于回归的图像目标检测模型……099
5.1.4 基于 Anchor-free 的目标检测模型……101
5.2 视频目标检测与跟踪的方法……103
5.2.1 视频目标跟踪的基础知识……103
5.2.2 视频目标跟踪的应用场景……105
5.2.3 视频目标跟踪的运动模型……106
5.2.4 视频目标跟踪的特征提取……107
5.2.5 视频目标跟踪的模型更新……108
5.2.6 视频目标跟踪的数据集……109
5.3 视频目标跟踪的观测模型……111
5.3.1 基于子空间学习的跟踪算法……111
5.3.2 基于稀疏表达的跟踪算法……111
5.3.3 基于 SVM 的跟踪算法……112
5.3.4 基于相关滤波器的跟踪算法……112
5.3.5 基于分类网络的跟踪算法……114
5.3.6 基于双路网络的跟踪算法……114

第 **6** 章
机器视觉的图像分割技术……116

6.1 机器视觉图像分割的经典算法……117
6.1.1 基于阈值的图像分割方法……117
6.1.2 基于区域的图像分割方法……118
6.1.3 基于边缘检测的分割方法……119
6.1.4 基于聚类的图像分割方法……121
6.1.5 基于图论的图像分割算法……123
6.2 图像语义分割的应用场景……124
6.2.1 图像语义分割概述……124
6.2.2 应用 1：自动驾驶……125

6.2.3 应用 2：医学影像 ……126
6.2.4 应用 3：视频解析 ……127
6.3 基于深度学习的医学图像分割……128
6.3.1 基于深度学习的图像分割算法 ……128
6.3.2 深度学习在医学影像分割中的应用 ……130
6.3.3 基于深度学习的脑部影像分割方法 ……131
6.3.4 医学图像分割的应用挑战与实践对策 ……133

第 7 章
机器视觉的缺陷检测技术……135

7.1 汽车漆面缺陷检测技术与应用 ……136
7.1.1 隧道式缺陷检测系统 ……136
7.1.2 机器人式缺陷检测系统 ……138
7.1.3 汽车漆面缺陷检测算法 ……138
7.1.4 机器人式漆面缺陷检测系统应用案例 ……140
7.2 玻璃表面缺陷检测技术应用 ……141
7.2.1 传统玻璃检测存在的问题 ……141
7.2.2 玻璃表面缺陷检测系统原理 ……142
7.2.3 机器视觉玻璃表面缺陷检测技术……143
7.3 锂电池缺陷检测技术与应用 ……144
7.3.1 锂电池缺陷检测与定位技术……144
7.3.2 锂电池缺陷图像分类技术……146
7.3.3 基于 Qt Creator 的检测平台 ……147

第 8 章
机器视觉的行业实践……149

8.1 机器视觉在汽车工业中的应用 ……150
8.1.1 机器视觉赋能智能工业……150
8.1.2 应用场景 1：特征识别……151
8.1.3 应用场景 2：视觉引导 ……154

8.1.4 应用场景 3：尺寸测量 …… 154
8.2 机器视觉在物流领域的应用 …… 156
8.2.1 物流条形码读取 …… 156
8.2.2 快递物流自动分拣 …… 158
8.2.3 AMR 机器人环境感知 …… 160
8.2.4 仓储物流中的视觉应用 …… 161
8.2.5 生产物流中的视觉应用 …… 162
8.3 机器视觉在农业领域的应用 …… 163
8.3.1 机器视觉在农业生产中的应用 …… 163
8.3.2 机器视觉在农业机械中的应用 …… 165
8.3.3 机器视觉在农业应用中的挑战 …… 166
参考文献 …… 168

第1章 机器视觉概述

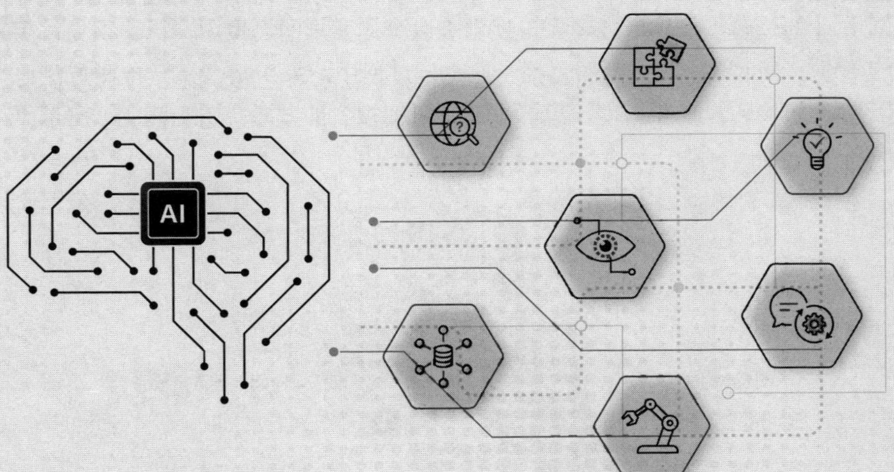

1.1 机器视觉的基础知识

1.1.1 机器视觉技术的工作原理

机器视觉技术是一项综合技术，包括图像处理、机械工程、控制工程、光源照明、光学成像、传感器、模拟与数字视频技术、计算机软硬件技术（图像增强和分析算法、图像卡、I/O 卡等）。简单说来，机器视觉就是用机器代替人眼来做测量、分析和判断工作。

机器视觉系统通过机器视觉产品将被摄取目标转换成图像信号，传送给专用的图像处理系统，得到被摄目标的形态信息，将像素分布、亮度和颜色等信息转变成数字化信号；图像系统对这些信号进行各种运算来抽取目标的特征，并根据判别的结果来控制现场设备的动作。

（1）机器视觉技术的定义

机器视觉技术是一门涉及计算机视觉和图像处理的跨学科领域，旨在使计算机能够感知、理解和解释图像或视频中的内容，进而模拟人类视觉系统的功能。它利用相机、传感器或其他图像采集设备捕获图像数据，并使用算法和模型对这些数据进行分析和处理，以从中提取有用的信息。

机器视觉系统最基本的特点是能够提高生产的灵活性和自动化程度。在一些不适合人工作业的危险工作环境或者人工视觉难以满足要求的场景中，机器视觉常用来替代人工视觉。同时，在大批量重复性工业生产过程中，采用机器视觉检测方法可以大大提高生产效率和自动化程度。总的来说，机器视觉的技术优势如图 1-1 所示。

图 1–1 机器视觉的技术优势

① 实现精准的数据分析。机器视觉可以快速、准确地识别、分类和深入分析图像和视频数据。

② 有效提高生产效率。机器视觉可以自动检测和纠正产品缺陷，降低人为错误的

风险。既能够节省企业生产的时间和成本，还能提高产品质量，增强企业的竞争力。

③ 大幅提高生产安全性。机器视觉可以自动识别异常情况，加强生产安全、公共安全和财产保护。

（2）机器视觉技术的工作原理

机器视觉技术主要包括图像获取和视觉处理两部分。图像获取部分由照明系统、视觉传感器、模拟 / 数字转换器和帧存储器等组成，通过视觉传感器获取环境的二维图像，并通过视觉处理器进行分析和解释，进而转换为符号，让机器人能够辨识物体，并确定其位置，如图 1-2 所示。

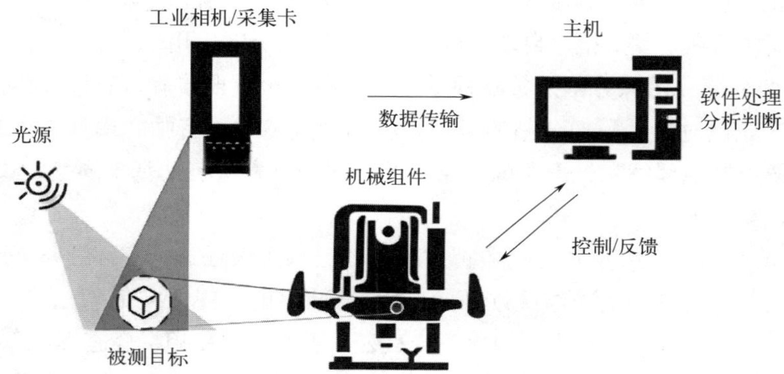

图 1-2 机器视觉技术的工作原理

机器视觉的工作从图像采集开始，通过工业相机或摄像头将被检测的目标转换成图像信号，并传送给专用的图像处理系统，将像素分布、亮度和颜色等信息转变成数字化信号，然后图像处理系统通过各种算法和技术抽取目标的特征，如面积、数量、位置、长度，再根据预设的条件和规则输出结果，包括尺寸、角度、个数、合格 / 不合格、有 / 无等，实现自动识别功能。

机器视觉技术的实现依赖于一系列的步骤，包括图像获取、预处理、特征提取、目标检测与识别、目标跟踪、图像分割、三维重建、深度学习等。

① 图像获取。机器视觉技术的第一步是获取图像或视频数据。这可以通过摄像机、相机、扫描仪或其他传感器设备来实现。图像可以是静态的，例如一张照片；也可以是动态的，例如视频流。

② 预处理。获取到的图像数据可能需要进行预处理，以便提高后续处理步骤的效果。预处理的任务包括去噪、图像增强、图像平滑、颜色校正等。这些步骤有助于消除图像中的噪声，增强图像的对比度和清晰度，并使图像数据更适合后续的特征提取和分析。

③ 特征提取。特征提取是机器视觉技术的核心步骤之一。在这一步骤中，计算

机将从图像中提取出具有代表性的特征，用于后续的模式识别和分类。这些特征可以是形状、纹理、颜色、边缘、角点等图像的局部或全局特征。

④ 目标检测与识别。目标检测和识别是机器视觉技术的关键任务之一。在这一步骤中，计算机利用学习算法和模型，通过对提取的特征进行分析和比对，来检测图像中的目标并识别它们的类别。常用的算法包括卷积神经网络（convolutional neural networks，CNN）、支持向量机（support vector machine，SVM）和决策树（decision tree，DT）等。

⑤ 目标跟踪。目标跟踪是机器视觉技术的一个重要任务，它涉及在视频序列中实时跟踪和定位目标对象。目标跟踪可以通过连续帧之间的运动估计和特征匹配来实现。这项技术在视频监控、自动驾驶等领域具有广泛的应用。

⑥ 图像分割。图像分割是机器视觉技术的另一个重要步骤，它涉及将图像分割成不同的区域或对象。图像分割的目标是将图像分离成具有独特属性或语义信息的区域，以便更好地理解和处理图像。常见的图像分割方法包括基于阈值、边缘检测、区域生长、图割等。

⑦ 三维重建。三维重建是机器视觉技术的一项关键任务，它涉及从多个图像或视角中重建出场景的三维结构和几何信息。通过使用多视图几何和三维重建算法，可以从多个角度获取的图像中提取出三维点云、表面模型和相机姿态等信息。

⑧ 深度学习。深度学习是机器视觉技术中的重要组成部分。深度学习利用深层神经网络模型进行图像分类、目标检测和图像生成等任务。通过大量的图像数据训练神经网络模型，可以自动学习和提取图像中的高级特征和语义信息，从而提高机器视觉技术的性能。

机器视觉技术在许多领域都有广泛应用。在工业制造方面，机器视觉可以用于质量控制、产品检测和自动化生产线等。它能够快速、准确地检测产品缺陷和异常，提高生产效率和产品质量。在医疗领域，机器视觉可以辅助医生进行疾病诊断、手术导航和影像分析等，为医疗决策提供重要支持。此外，机器视觉还广泛应用于交通监控、安防系统、无人驾驶汽车、农业以及虚拟现实等多个领域，为人们的生活和工作带来了便利。

随着技术的进一步创新和应用场景的扩大，机器视觉技术有望在未来发挥更重要的作用。然而，机器视觉技术的发展也需要解决隐私和数据安全等问题，并不断改进其性能和鲁棒性。

1.1.2 机器视觉技术的发展历程

（1）全球机器视觉技术的发展历程

20 世纪 50 年代，机器视觉技术在欧美诞生，最初的机器视觉技术以理论研究和分析为主，且研究的关注点集中在二维图像上，即线条、平面等。计算机技术等多项技术的进步拓宽了机器视觉技术的研究范围，使其开始分析图像的三维特征，如明暗、纹理、运动等。

从全球视角来看，机器视觉技术最初起源于显微和航空图像的分析与理解、各种光学字符识别、工业零件表面缺陷检测等应用。随着现代工业自动化技术日趋成熟，越来越多的制造企业考虑如何采用机器视觉来帮助生产线实现检查、测量和自动识别等功能，以提高效率并降低成本，从而实现生产效益最大化。

全球机器视觉技术的发展历程如图 1-3 所示。

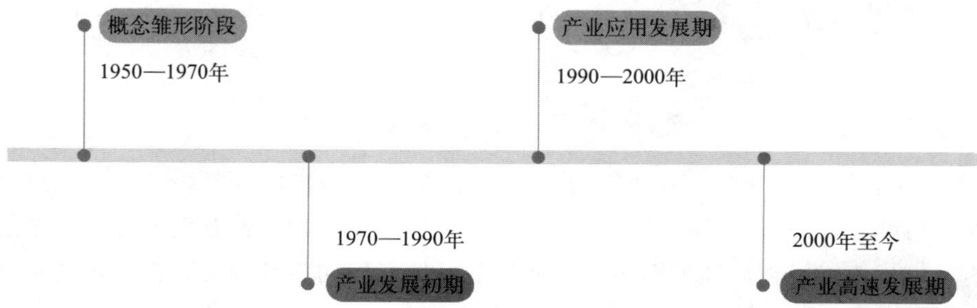

图 1-3 全球机器视觉技术的发展历程

① 概念雏形阶段（1950—1970 年）。机器视觉应用于二维图像分析与识别的统计模式识别研究标志着机器视觉技术的起源，当时主要的研究领域为显微和航空图像的分析与理解、各种光学字符识别、工业零件表面缺陷检测等。

② 产业发展初期（1970—1990 年）。MIT 人工智能实验室 Marr 教授带领的研究小组综合了神经生理学、图像处理以及心理物理学等研究成果，提出了计算视觉理论，从信息处理的角度出发提出了视觉系统研究的三个层次：计算理论层次、表达与算法层次、硬件实现层次，奠定了机器视觉的理论基础。同时，CPU、DSP 等图像处理硬件技术的飞速进步，为机器视觉的发展提供了基础条件，使得机器视觉获得了快速的发展。

③ 产业应用发展期（1990—2000 年）。由于小波分析等现代数学工具的出现，新概念、新方法和新理论的不断提出，机器视觉应用产品开始涌现，特别是在工业领域产生了大量的可以实际应用的产品。

④ 产业高速发展期（2000 年至今）。随着工业自动化的发展，特别是数字图像传感器、图像处理和模式识别等技术的快速发展，视觉检测技术拥有非接触无损测量、高精度、高效率、灵活性高、稳定性好、实时性强、易于维护等众多优势。机器视觉技术的应用范围已不仅仅局限于工业，在农业、生物医学、军事与国防、航空航天、机器人、交通管理等行业均有广泛的普及与推广。

（2）中国机器视觉技术的发展历程

我国的机器视觉行业是伴随着我国的工业化进程发展而崛起的，起步于 20 世纪 90 年代末，经历了启蒙阶段、初步发展阶段和高速发展阶段，如图 1-4 所示。

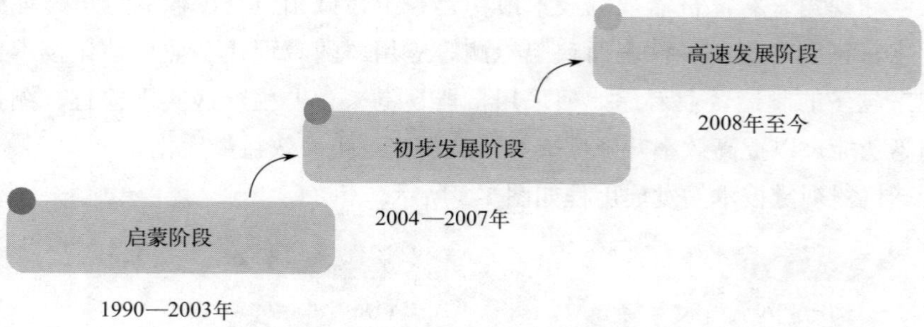

图 1-4 中国机器视觉技术的发展历程

① 启蒙阶段（1990—2003 年）。在启蒙阶段，我国机器视觉企业主要通过代理境外产品或技术的方式开展业务。国内开始出现跨专业的机器视觉人才，从了解图像的采集和传输过程、理解图像的品质优劣开始，到初步利用境外视觉软硬件产品搭建简单的机器视觉初级应用系统，开启了国内机器视觉行业的历史进程。

在该阶段，一些对品质有较高要求同时对成本较为不敏感的工业领域成为第一批应用机器视觉产品的领域，如人民币特种印刷、烟草的异物剔除及包装检测等。

② 初步发展阶段（2004—2007 年）。在这一阶段，国内机器视觉企业开始探索基于自主核心技术的机器视觉软硬件器件的研究开发，同时在多个应用领域取得了关键的技术性突破。随着机器视觉技术在相关设备中的蓬勃发展，PCB（印刷电路板）检测、SMT（表面贴装技术）检测等领域的国产设备迅速兴起。

③ 高速发展阶段（2008 年至今）。十余年来，在机器视觉上游的相机、采集卡、光源技术、镜头及图像处理软件等领域，涌现出大量机器视觉器件的国内研发制造商，上游技术取得大幅进步的同时，相关产品也在实践中不断完善，在中游领域如 PCB、SMT 及下游领域如电子、半导体、太阳能、汽车等多个行业得到广泛的尝试与应用。

1.1.3 机器视觉系统的关键部分

机器视觉系统是综合现代计算机、光学、电子技术的高科技系统，通过计算机对系统摄取的视频和图像进行处理与分析，并对得到的信息做出相应的判断，进而发出对设备的控制指令。机器视觉本质上就是用机器代替人眼做出测量和判断，因此机器视觉系统与人眼的工作过程也是对应的，如图 1-5 所示。

其中，机器视觉系统的关键部分包括光源、镜头、工业相机等。

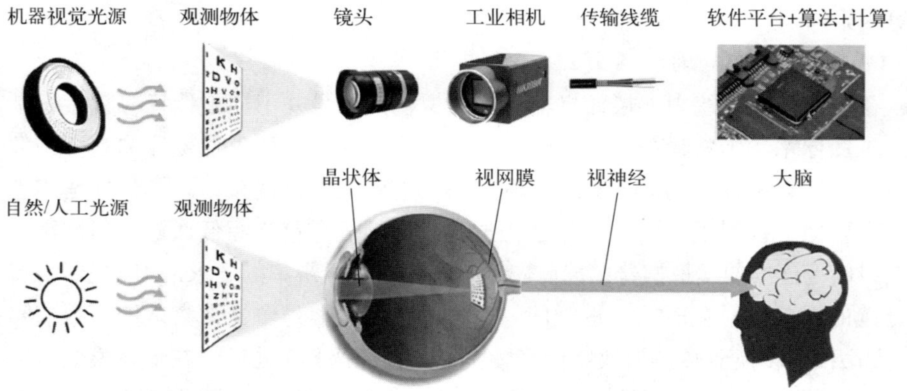

图 1-5 机器视觉系统与人眼工作过程的对应

（1）光源

照明直接作用于系统的原始输入，对输入数据的质量有直接的影响。由于被测对象、环境和检测要求千差万别，因而不存在通用的机器视觉照明设备，需要针对每个具体的案例来设计照明的方案，要考虑物体和特征的光学特性、距离、背景，根据检测要求具体选择光的强度、颜色和光谱组成均匀性、光源的形状、照射方式等。目前使用的照明光源主要包括高频荧光灯、卤素灯和 LED 等。

（2）镜头

在机器视觉系统中，镜头相当于人的眼睛，其主要作用是将目标的光学图像聚焦在图像传感器（相机）的光敏面阵上。视觉系统处理的所有图像信息均通过镜头得到，镜头的质量直接影响视觉系统的整体性能。合理选择镜头、设计成像光路是视觉系统的关键技术之一。镜头成像或多或少会存在畸变，应选用畸变小的镜头，有效视场只取畸变较小的中心视场。此外，受镜头镀膜的干涉特性和材料的吸收特性影响，要求尽量做到镜头最高分辨率的光线应与照明波长、CCD 器件接收波长相匹配，并确保光学镜头对该波长的光线透过率尽可能提高。

（3）工业相机

相机是一个光电转换器件，它将光学成像系统所形成的光学图像转变成视频 / 数字电信号。通常，工业相机由核心的光电转换器件、外围电路、输出控制接口组成。固态图像传感器主要有五种类型：电荷耦合器件 CCD（charge coupled device）、电荷注入器件 CID（charge injection device）、金属 - 氧化物半导体 MOS（metal oxide semiconductor）、电荷引发器件 CPD（charge priming device）和叠层型摄像器件。

相机按照不同标准可分为标准分辨率数字相机和模拟相机、线扫描 CCD 和面阵 CCD、单色相机和彩色相机等。要根据不同的实际应用场合选择不同的相机，除了考察其光电转换器件外，还应考虑系统速度、检测的视野范围、系统所要达到的精度等因素。

（4）图像采集处理卡

在机器视觉系统中，摄像机输出的模拟视频信号并不能被计算机直接识别，需要通过图像采集卡将模拟视频信号数字化，形成计算机能直接处理的数字图像，并提供其与计算机连接的高速接口。图像采集卡就是进行视频信息量化处理的重要工具，主要完成模拟视频信号的数字化过程。视频信号首先经低通滤波器滤波，转换为在时间上连续的模拟信号；按照应用系统对图像分辨率的要求，用采样 / 保持电路对连续的视频信号在时间上进行间隔采样，把视频信号转换为离散的模拟信号；然后再由 A/D 转换器转换为数字信号输出。而图像采集 / 处理卡在具有模数转换功能的同时，还具有对视频图像进行分析、处理的功能，同时可对相机进行有效控制。

（5）视觉处理软件

机器视觉系统中，视觉信息的处理技术主要依赖于视觉处理方法，视觉处理软件可以分为图像预处理和特征分析理解两个层次。图像预处理包括图像增强、数据编码和传输、平滑、边缘锐化、分割、特征抽取、图像识别与理解等内容。这些处理既改善了图像的视觉效果，又便于计算机对图像进行分析、处理和识别，输出图像的质量得到相当程度的改善。图像特征分析与理解是对目标图像进行检测和各种物理量的计算，以获得对目标图像的客观描述，主要包括图像分割、特征提取（几何形状、边界描述、纹理特性）等。

机器视觉中常用的算法包括搜索、边缘（edge）检测、Blob 分析、卡尺工具（caliper tool）、光学字符识别、色彩分析等。

（6）硬件处理平台

从硬件平台的角度出发，计算机在 CPU 和内存方面的改进给视觉系统提供了很好的支撑，多核 CPU 配合多线程的软件可以成倍提高运算速度。伴随数字信号处理器（DSP）和现场可编程门阵列（FPGA）技术的发展，嵌入式处理模块以其强大的数据处理能力、集成性模块化和无须复杂操作系统支持等优点而受到越来越多的重视。

总体而言，机器视觉系统是一个光机电和计算机高度综合的系统，其性能并不仅由某一个环节决定。单个环节很完美，也未必意味着最终性能的满意。系统分析和设计是机器视觉系统开发的基础和难点，需要重点关注。

1.1.4 机器视觉技术的发展趋势

机器视觉是人类视觉的延伸和扩展。随着研究的不断深入，新的描述方式、求解手段的不断探索和创新以及微处理器性能的快速提高，机器视觉的研究必将会迎来一个更加繁荣的时代，机器视觉技术与产品将会被广泛应用于更为复杂的场合。机器视觉的未来发展趋势主要包含如图 1-6 所示的几方面。

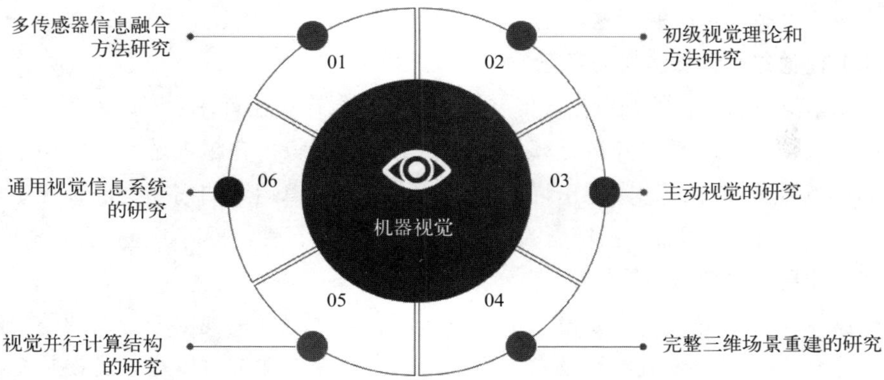

图1-6 机器视觉的未来发展趋势

（1）多传感器信息融合方法研究

在机器视觉研究中，仅仅利用理想环境下获取的静止或瞬时视觉信息作为输入，远不能满足认识复杂客观世界的要求。如果能将机器视觉、机器听觉、机器嗅觉、机器触觉等有机地结合起来，将多种信息相互融合，则有可能突破单一视觉信息的局限。这里的融合不仅包括多传感器融合，还包括系统内部各信息通道的融合、系统模块的融合和各类信息处理方法的融合。

（2）初级视觉理论和方法研究

初级视觉是光学成像的逆问题，它研究从二维光强度阵列恢复三维可见表面物理性质的方法，包含一系列复杂的处理过程。因为各过程的输入数据及计算目的都是能够明确描述的，所以，人们在这方面已研究了一些专用方法，如边缘检测、立体匹配、由运动恢复结构等。但由于三维世界投影成二维图像的过程中损失了很多信息，导致病态问题的产生，因此进一步加强对初级视觉过程及其约束条件的研究十分重要。

（3）主动视觉的研究

主动视觉是指观察者以确定的或不确定的方式运动，或通过转动视线来跟踪目标物体的技术。在主动视觉中，观察者和目标物体可同时运动。观察者的运动为研究目标的形状、距离和运动提供了附加条件。同时，主动视觉还可以在已知摄像机运动参数的情况下，把一些原来的非线性问题转化为线性问题。主动视觉是一个有发展前途的解决病态结构问题的研究方向。

（4）完整三维场景重建的研究

现有三维场景重建理论和算法基本局限于对目标“可视”部分的重构，如果用Marr视觉计算理论来说，还主要停留在2.5维表达上，这种表达仅提供了物体可见轮廓以内的三维信息。如何恢复物体完整表面的信息，即包括物体表面不可见部分，是一个复杂且有待解决的问题。

（5）视觉并行计算结构的研究

视觉本身具有内在的并行性，但要完成视觉并行计算还有许多理论、算法和技术上的问题需要解决。视觉并行计算结构的一个发展趋势是在越来越大的结构中采用越来越小的处理单元，即实现由许多只能进行基本逻辑运算的简单处理单元组成庞大的网络，同时通过设计一些精巧的算法有效地利用并行性，提高视觉计算的速度。

（6）通用视觉信息系统的研究

机器视觉研究的一个重要目的是要建成可有效适配各种视觉任务的通用视觉信息系统。从目前的研究进展和技术水平来看，在短期内建成可以与人类视觉系统相媲美的机器视觉系统的难度较大。但可以针对具体应用建立局部性的专用视觉系统，进而发展到更为完善的一般性系统，进而成为实现上述最终目标的一条途径。

随着中国加工制造业的发展，对于机器视觉技术与产品的需求将逐步增多，机器视觉产品将更加丰富，检测技术水平将不断提高，基于机器视觉的自动化检测系统将广泛用于生产、生活的各个领域和场景。机器视觉系统将使人们的生产活动朝着更智能、更便捷的方向发展。

1.2 机器视觉产业链图谱

1.2.1 典型机器视觉系统组成

机器视觉是利用机器模拟人类的视觉系统，以此来对图像进行理解和识别。机器视觉是一种综合技术，在日常生活中被广泛应用。比如，机器视觉能够进行人脸识别，满足出行、住宿等场景下身份验证的需要。机器视觉也被应用于工业领域，在制造业的检测、测量、识别、定位等多项工作中发挥辅助作用。比如，机器视觉可用于检测液晶屏的表面缺陷，对半导体进行识别和测量，对零件实施定位。下面将介绍机器视觉的技术、组成、工业应用，以及机器视觉领域具有代表性的厂商。

机器视觉相当于给机器一双“慧眼”，将人的视觉功能赋予机器，由此机器具备了识别和理解图像的能力。机器视觉融合了多种技术，包括光学技术、传感技术、图像处理技术、机器学习技术、机器人运动控制技术等。

一个典型的机器视觉系统由以下部分组成：照明系统、图像采集系统、图像处理系统、控制与执行系统，如图 1-7 所示。具体而言，照明系统即光源，图像采集卡等可进行图像采集，图像处理器等可进行图像处理，控制器负责控制，自动化装备、工业机器人等负责执行。

以 PCB 视觉分拣系统为例，其工作流程如下：首先，光源照向待测目标，此时

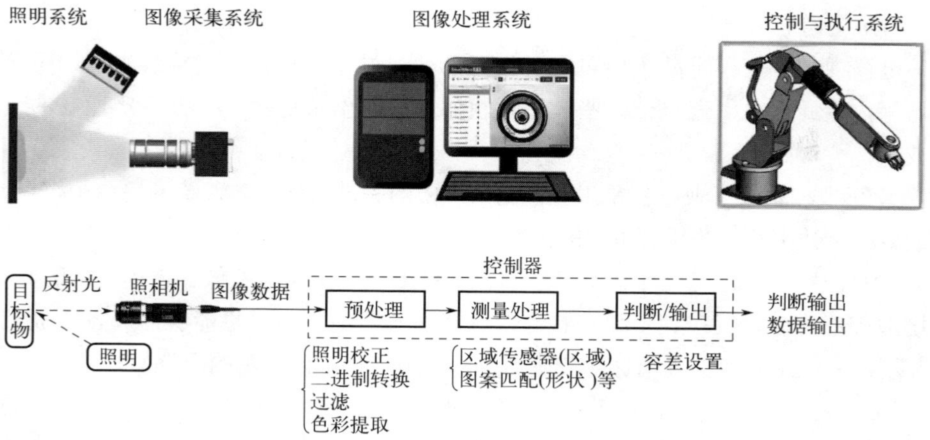

图 1-7　典型机器视觉系统的组成

生产线上 CCD（感光耦合组件）摄像机会将其采集到的 PCB 图像转换成电信号，同时图像采集卡会从摄像机处获取成像模拟数据，并完成模拟数据向数字图像的转换；PC 端收到数字图像后，机器视觉软件将通过分析和处理图像来检验 PCB 的质量。假如 PCB 没有通过质量检验，则 PLC 会收到数字 IO 卡发来的信号，随后 PLC 会通过辅助定位传感器对存在质量问题的 PCB 进行定位，并借助机械手将其分拣出来。

1.2.2　机器视觉产业链分析

机器视觉产业链主要包含三部分，其中，上游为相关硬件及软件，中游为装备及方案，下游为应用领域，如图 1-8 所示。

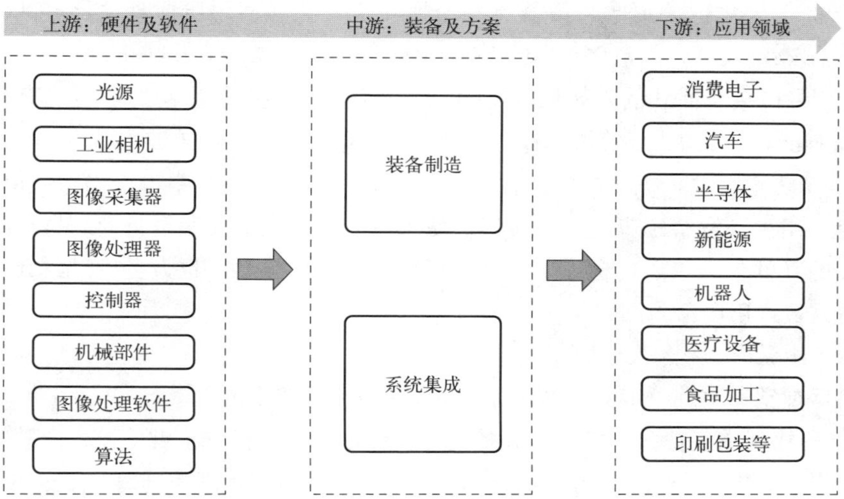

图 1-8　机器视觉产业链

（1）上游

机器视觉产业链上游主要包含各类零部件，如工业相机、镜头、光源、图像采集器等，除此之外，还包含一些算法和软件，同时上游也集中了整条产业链的大部分成本。

① 工业相机。工业相机是工业视觉系统中的关键组件，与传统的民用相机相比，其成像稳定性更高，并具备更强的传输能力和抗干扰能力。

工业相机具有稳定性高、可靠性强、不易损坏、安装难度低、持续工作时间长、环境适应能力强、反应速度快等特点，既能够长时间工作，也能够适应各类极端工作环境，还能迅速抓拍运动速度较快的目标，是一种十分实用的视觉设备。

② 镜头。在机器视觉系统中，像素精度指的是单个像素代表的物理尺寸，即系统分辨率。一般来说，设备的系统分辨率直接影响其价值，若设备的系统分辨率提高，那么其价值也会随之升高。

从理论上来看，当单位面积的像素比例升高时，系统精度也会提高。由此可见，为了提升成像系统的精度，相关研究人员需要为成像系统中的相机配备分辨率更高的镜头。

③ 光源。光源是机器视觉系统中的一项基础部件，能够针对应用场景进行个性化的非标设计，同时也可以照亮检测物体，提高检测部分与非检测部分之间的对比度，突出表现物体特征，为图像处理提供方便。

一般来说，光源应具备较强的抗干扰能力，不受环境光的影响，能够充分保证图像的稳定性。在一些特殊情况下，光源可以提升物体某一特定部位的亮度，以便机器视觉系统快速、准确地识别和检查目标物体。

④ 图像采集器。图像采集器具备转换功能，能够利用电荷耦合器件（charge-coupled device，CCD）或互补金属氧化物半导体（complementary metal oxide semiconductor，CMOS）将镜头所捕获的光转换成电信号，并输出数字图像，同时也可以充分发挥Camera Link、CoaXPress等协议标准的作用，获取前端工业相机数据。

⑤ 算法和软件。机器视觉软件大致可分为两种类型，其中，一类为底层算法，主要包含用于开发特定应用的工具库，使用者大多为集成商和设备商；另一类为二次开发的软件包，主要包含用于实现各项功能的应用软件，且大多经过封装，主要使用者为最终用户。

（2）中游

机器视觉产业链中游主要包含智能视觉装备和系统集成。

① 智能视觉装备。智能视觉装备包含多种设备，如机械手臂、设备驾驶舱、自动化工作台、输入/输出（input/output，I/O）卡、可编程逻辑控制器（programmable logic controller，PLC）等。

与可配置视觉系统相比，智能视觉装备大多为大型生产装备，不仅集成了光学成像硬件和图像处理软件算法，还具备自动化平台，能够直接针对下游客户应用场景生成相应的定制化系统解决方案，无须依赖客户的产品或自动化机台。

② 系统集成。视觉系统集成了光学成像模块和图像处理系统，可以实现图像采集、图像预处理等功能，在不依靠其他设备和系统的情况下采集所需的图像信息，并据此完成对图像目标的定位、测量、检测和识别等工作。

就目前来看，基恩士和康耐视科技在视觉系统领域占据领先地位。在我国，广东奥普特科技股份有限公司、凌云光技术股份有限公司和大恒图像已经展开了对视觉系统的研发工作，且已取得一定进展。

（3）下游

机器视觉产业链下游主要涉及汽车、新能源、半导体等行业，这些行业综合运用多种技术手段，整合智能视觉设备和生产工艺，并大力发展和应用机器视觉系统。

① 汽车。机器视觉检测系统融合了光学字符识别（optical character recognition，OCR）技术，能够采集车身零件编码，实现工艺检测、自动化跟踪、追溯与控制等诸多功能，进而为汽车制造企业检测原料、零部件和工艺（如焊接、涂胶、冲孔等）的质量提供支持，同时也有助于汽车制造企业充分把控车身总成和整车质量。由此可见，机器视觉在汽车制造的全过程中发挥着十分重要的作用。

机器视觉检测系统可以用于识别零部件，若未识别到零部件，则说明部件装配不完整，产品存在缺陷，相关工作人员需要重新加工该产品或弥补缺陷，以保证产品质量。3D 视觉系统可以全方位检测车门和车身，并提升检测的效率和准确率，充分保证拼接的精准性；视觉引导技术可以与机器人协同作业，提升机器人操作精度，进一步优化安装、制孔、焊接、喷涂和装载等操作。

② 新能源。在新能源领域，锂电池行业通常在前段工序中利用机器视觉来检测电池表面的各类缺陷，如露箔、亮斑、暗斑、掉料、划痕等，同时，机器视觉也可用于识别涂布和极片；进入后段工序后，锂电池行业则会利用机器视觉技术来检测钉焊密封情况和包蓝膜前后的外观；进入模组和 PACK（组装）段后，锂电池行业通常会利用机器视觉来检测侧焊缝、BUSBAR 焊缝、底部蓝胶、模组尺寸，除此之外，也会借助机器视觉技术展开 PACK 检测工作，从细节上把控电池质量。

③ 半导体。在半导体领域，各个企业可以将机器视觉技术应用到晶圆制造和封装测试等环节，检测半导体的尺寸、数量、距离、定位、校准、弯曲度、平整度、焊点质量和外观缺陷，进一步提升检测的速度和精度。3D 机器视觉在半导体检测中的应用可以大幅提高封装的先进性，助力半导体企业实现高速、高引脚、轻薄化、小尺寸封装，因此 3D 视觉检测设备在半导体领域有着巨大的发展前景和增长空间。

1.2.3 国外机器视觉主流厂商

目前，机器视觉行业内知名度较高的厂商主要分布在西方发达国家，如美国、日本、德国、瑞典、瑞士等。相比之下，我国由于起步时间较晚，机器视觉行业的整体实力与西方发达国家存在一定差距，不过在市场和政策的带动下，我国的机器视觉领域也出现了一批优秀厂商，比如海康机器人、思看科技、先导智能、美亚光电等。

另外，有的企业侧重于机器视觉的工业应用，资本市场对这些企业表达了肯定。比如，思谋科技寻求在智能制造领域引入视觉 AI，该企业已完成了 B 轮融资，融资金额达 2 亿美元；梅卡曼德利用自身在 AI 和 3D 视觉方面的技术优势，为工业机器人提供智能化解决方案，推动工业机器人的智能化升级，该企业的累计融资金额已超过 15 亿元。

下面简单介绍一下国外主流的机器视觉厂商，主要关注其产品或解决方案。

（1）康耐视（Cognex）

康耐视公司成立于 1981 年，总部位于美国，是全球领先的机器视觉公司。康耐视的机器视觉业务主要面向工业自动化领域，其提供的工业视觉解决方案是非常全面的，可以实现检测、测量、识别、定位四个机器视觉在工业领域的主要应用功能，并且能够满足 2D、3D 等各种场景的使用需要。康耐视的工业视觉解决方案在半导体、电子、汽车等多个制造业领域得到了应用，具体的应用场景包括缺陷检测、产品识别与跟踪、机器人引导等。

（2）基恩士（KEYENCE）

基恩士公司创立于 1974 年，总部位于日本，是机器视觉行业的龙头企业。基恩士的主营业务为传感器，以光电传感器为代表。依托光电检测技术，基恩士开发出了多种机器视觉类产品，包括图像识别传感器、图像尺寸测量仪、3D 显微系统等，这些产品在制造业的各个领域都有应用。

（3）巴斯勒（Basler）

德国巴斯勒公司成立于 1988 年，在机器视觉产品和解决方案方面有着坚实的技术基础，同时还具备稳定性和全面性，包含了光源、相机、图像采集卡、外围配件等机器视觉的组成部分。巴斯勒的产品和解决方案的应用范围包括工厂自动化、医疗、物流、机器人技术等多个领域。

（4）海克斯康（Hexagon）

海克斯康公司的总部位于瑞典，在工业自动化和机器视觉领域颇有建树，公司的业务涉及测量、检测、制造等工业领域的多个环节，主要产品有传感器、软件，并为工业提供信息技术解决方案。通过收购和并购业内有一定技术实力的公司，海克斯康不断地提高自身在技术方面的竞争力，成为行业内居于领导地位的企业。

（5）堡盟（Baumer）

堡盟的总部位于瑞士，所涉及的领域主要是工厂自动化和过程自动化，在行业内居于领先地位。堡盟生产的产品包括传感器、编码器、测量仪器、工业相机等，广泛应用于新能源、医疗、工程机械、食品、轨道交通等多个行业，并且在应用过程中能够做到适应各行业的数字化状况和应用需要。

（6）科磊（KLA）

科磊的总部位于美国，主要从事半导体设备制造，也提供机器视觉产品及解决方案。科磊专注于半导体前道量检测设备的研发和制造，其生产的前道光学检测设备和电子束量检测设备可用于加工工艺的各个环节。科磊所生产的产品在效率和精确性上表现出色，在行业内拥有较大的领先优势，占据了 50% 以上的市场份额。

（7）西克（SICK）

西克成立于 1946 年，总部位于德国，在工业自动化领域居于领先地位。西克在传感技术领域有着较强的技术实力，并且在超过 40 个行业实现了技术的应用，包括半导体、工业设备、食品饮料、石油天然气等。西克所面向的工业自动化领域具体分为工厂自动化、物流自动化、过程自动化，这是其主要业务范围，而机器视觉产品及解决方案是公司的重点产品之一。

（8）欧姆龙（Omron）

欧姆龙成立于 1933 年，总部位于日本，在工业自动化领域居于全球领先地位。欧姆龙的主要产品有自动化控制设备、工业软件、机器人等，同时可提供多种机器视觉产品和解决方案，包括图像处理系统、工业相机、视觉传感器等。

（9）特励达（Teledyne）

特励达的总部位于美国，主要从事的领域为高性能数字成像和半导体，在行业内居于全球领先地位。在机器视觉领域，特励达推出的产品有传感器、相机、图像处理系统、工程化集成系统等。

1.2.4 国内机器视觉主流厂商

（1）海康机器人

海康机器人是海康威视于 2014 年设立的子公司，提供机器视觉和移动机器人产品和解决方案。海康机器人推出的产品包括视觉系统所需要的各类组件，如光源、镜头、视觉软件等。同时，该公司还提供视觉系统的整体解决方案。海康机器人的产品及解决方案服务于多个行业，包括新能源、半导体、汽车、3C 电子、物流、医药等。

（2）思看科技

思看科技（杭州）股份有限公司成立于 2015 年，是面向全球的三维视觉数字化综合解决方案提供商。产品主要覆盖工业级高精度和专业级高性价比两大差异化赛道，涵盖便携式、跟踪式、工业级自动化和专业级彩色等3D视觉数字化产品，广泛应用于航空航天、汽车制造、工程机械、3D打印、艺术文博等工业及万物数字化领域。

（3）先导智能

无锡先导智能装备股份有限公司创立于1999年，公司的业务范围包括锂电池智能装备、光伏智能装备、3C智能装备、氢能智能装备、机器视觉等。

（4）思谋科技

深圳思谋信息科技有限公司于2019年创立，依托机器视觉技术，推出多项智能化产品，包括智能工业平台、智能传感器、智能一体化装备等。公司为卡尔蔡司、空客、博世等多家企业提供解决方案，助力其实现产业优化。

（5）汇川视觉

南京汇川工业视觉技术开发有限公司创立于2012年，主营业务为工业机器人、工业自动化控制和工业视觉产品等。目前，公司推出的机器人视觉控制器、视觉软件等工业视觉产品已在多个行业实现了应用，包括硅晶、锂电、手机、食品饮料等。

（6）精测电子

武汉精测电子集团股份有限公司的成立时间为2006年，公司的主营业务为视觉检测系统，其产品用于显示、半导体、新能源等行业。目前，华星光电、京东方、天马等企业已在生产过程中采用了精测电子的视觉产品。

（7）美亚光电

合肥美亚光电技术股份有限公司成立于1993年，从事光电智能识别装备的研发与生产，主要业务板块有食品安全、医疗健康、再生资源等。面向三大业务板块，公司推出了色选机、分选机、品质分析仪、X射线检测机、移动式头部CT、脊柱外科手术机器人等多种产品。

（8）凌云光

凌云光技术股份有限公司成立于2002年，总部位于北京，聚焦于机器视觉和光纤光学领域。在机器视觉领域，公司提供了多种产品及解决方案，包括可配置视觉系统、智能视觉装备与核心视觉器件等，服务于新能源、电子制造、新型显示、印刷包装、轨道交通等多个行业。

（9）劲拓股份

深圳市劲拓自动化设备股份有限公司创办于1997年，是一家智能设备供应商，公司的产品系列由电子热工设备、视觉检测设备、光电显示设备和半导体专用设备组成。公司为半导体、光电显示、电子制造等行业供应智能装备，并提供解决方案。

（10）天准科技

苏州天准科技股份有限公司于2005年创立，主要从事视觉装备的生产，公司的产品系列由视觉测量装备、视觉检测装备、视觉制程装备、智能驾驶方案等组成，为工业计量、半导体、新能源、消费电子、PCB 等行业供应高端视觉装备，同时在智能驾驶领域提供解决方案。

（11）矩子科技

上海矩子科技股份有限公司于2007年创立，主要从事机器视觉智能设备的制造。公司生产的产品有机器视觉设备、控制线缆组件、控制单元及设备等，应用领域包括新能源、汽车、电子信息制造、金融电子、工业控制等。

1.3 双目立体视觉系统原理

1.3.1 双目视觉的视差与深度

人类拥有两只眼睛，在观测同一目标时，处于不同位置的双眼会出现视差，这使得人类可以清晰地感知到面前以三维形态呈现的世界。受到人类双眼的启发，计算机视觉也采用双目视觉的方案，借助双摄像头得到图像的视差，让计算机具备像人类一样的对三维世界的感知能力。双目立体视觉系统的原理如图 1-9 所示。

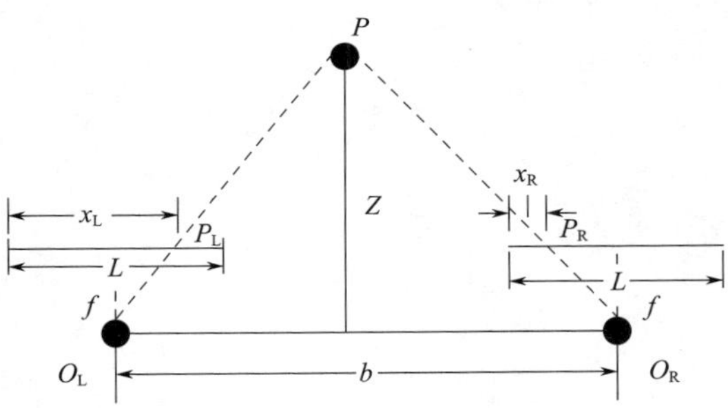

图 1-9 双目立体视觉系统的原理

计算机的双目视觉要用到两个相机，它们各自有一个投影中心，即图 1-9 中的 O_L 和 O_R，两点之间的距离为基线，在图中用 b 表示。在三维空间中选定一个 P 点，该点在左右两个相机中各有一个成像点，即图中的 P_L 和 P_R。光在传播时采用的是直线运动的形式，点 P 与成像点连成的直线会经过投影中心点。对应成像点，每个相机有左右两个成像面，两成像面之间的距离表示为 L，x_L 和 x_R 为两相机成像点与位于左侧的成像面之间的距离，以点 P 为观测目标，f 为焦距，可针对两相机视差给出以下定义。

$$d = \left|x_L - x_R\right|$$

采用以下公式计算两相机成像点间的距离：

$$P_{\mathrm{L}}P_{\mathrm{R}}=b-\left(x_{\mathrm{L}}-\frac{L}{2}\right)-\left(\frac{L}{2}-x_{\mathrm{R}}\right)=b-\left(x_{\mathrm{L}}-x_{\mathrm{R}}\right)$$

又据相似三角形定理：

$$\frac{b-\left(x_{\mathrm{L}}-x_{\mathrm{R}}\right)}{Z-f}=\frac{b}{Z}$$

两投影中心构成了一个平面，根据以下公式得出点 P 至该平面的垂直距离 Z：

$$Z=\frac{b\times f}{x_{\mathrm{L}}-x_{\mathrm{R}}}$$

点 P 在两相机的成像位置会随其自身位置的变动而发生变化，成像位置的变化又会带来视差的改变。根据上述公式，三维空间点距投影中心平面越远，视差就越小，即两者之间成反比关系，这意味着可通过三维空间点的视差推断其深度信息。

点 P 在相机中的成像如图 1-10 所示。

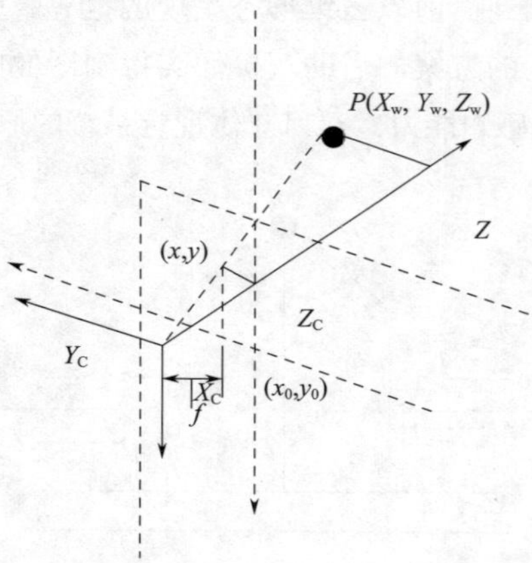

图 1-10 三维空间点 P 在相机中的成像图

结合图 1-10 与相似三角形定理，可得出以下关系式：

$$\begin{cases}\dfrac{x-x_0}{f}=\dfrac{X}{Z}\\[2ex]\dfrac{y-y_0}{f}=\dfrac{Y}{Z}\end{cases}\qquad\begin{cases}X=\dfrac{x-x_0}{f}Z=\dfrac{x-x_0}{f}\dfrac{b\times f}{x_{\mathrm{L}}-x_{\mathrm{R}}}\\[2ex]Y=\dfrac{y-y_0}{f}Z=\dfrac{y-y_0}{f}\dfrac{b\times f}{x_{\mathrm{L}}-x_{\mathrm{R}}}\end{cases}$$

据以上关系式，可参照三维空间点视差及相机参数得到点的三维坐标。

1.3.2 双目相机的相关坐标系

基于物体的二维图像，可得到其三维信息。在三维空间中对物体进行定位，需用到图像信息和相机参数，后者需通过相机标定得到。双目视觉系统的两相机之间存在一定的关系，在测量三维空间中的物体时，相机与被测对象之间存在坐标层面上的关系，这两项关系的确定被称为系统标定，也是采用双目视觉系统观测物体时的必要步骤。

通过转换坐标系，将二维图像中的物体在三维空间中展示出来。基于物理关系，将图像中的点与图像平面分别转换为物理坐标与相机坐标系的平面，在相机坐标系中完成对该点的定位，确定其具体坐标，而后对相机坐标系实施旋转、平移等操作，得到与其对应的世界坐标系以及该点在其中的坐标。根据以下四个坐标系得到点的三维坐标。

（1）像素坐标系

数字图像中，图像以数组的形式被表示出来，该数组包含一定数量的行和列，分别记为 M 和 N，由数组中的数值可得到对应点的亮度。在数字图像中创建直角坐标系，横轴和纵轴分别用 u 和 v 表示。该坐标系由像素组成，即像素坐标系，像素的横坐标与纵坐标分别对应其在数组中的行与列。

（2）图像坐标系

在三维空间中定位物体，需创建图像坐标系，该坐标系用于表示实际的物理单位。图像坐标系和像素坐标系的横轴之间与纵轴之间均为平行关系，图像坐标系的横轴与纵轴用 x 和 y 来表示。参照以下公式，可以完成图像像素的像素坐标系坐标与图像坐标系坐标间的转换。

$$\begin{cases} u = \dfrac{x}{\mathrm{d}x} + u_0 \\ v = \dfrac{y}{\mathrm{d}y} + v_0 \end{cases}$$

在以上公式中，像素的实际物理距离表示为 d，对应 x 轴与 y 轴即分别为 $\mathrm{d}x$ 与 $\mathrm{d}y$，该公式的齐次方程式形式如下：

$$\begin{bmatrix} u \\ v \\ 1 \end{bmatrix} = \begin{bmatrix} \dfrac{1}{\mathrm{d}x} & 0 & u_0 \\ 0 & \dfrac{1}{\mathrm{d}y} & v_0 \\ 0 & 0 & 1 \end{bmatrix} \begin{bmatrix} x \\ y \\ 1 \end{bmatrix}$$

（3）相机坐标系

图像坐标系表现的是二维图像，而相机坐标系表示的则是三维空间，前者实际构成了后者的一个平面，由相机坐标系可得到现实三维世界的信息。相机坐标系的横轴与纵轴表示为 x 轴与 y 轴，分别与图像坐标系的横轴和纵轴呈平行关系。相机坐标系与图像坐标系之间的距离与相机焦距f相等。除了x轴与y轴外，相机坐标系还有一个z轴，即光轴，相机坐标系中的坐标表示为（X_c，X_c，X_c）。

（4）世界坐标系

从理论上说，现实世界可分割为无数个坐标系，坐标系是相对的，而现实世界是唯一的、绝对的，因此需要有一个世界坐标系发挥校准作用，以实现对三维空间点的明确定位。世界坐标系中的坐标表示为（X_w，X_w，X_w）：

$$\begin{bmatrix} X_c \\ Y_c \\ Z_c \\ 1 \end{bmatrix} = \begin{bmatrix} R & t \\ 0^T & 1 \end{bmatrix} \begin{bmatrix} X_w \\ Y_w \\ Z_w \\ 1 \end{bmatrix}$$

前面提到过世界坐标系可通过对相机坐标系进行旋转和平移操作来得到，以上是坐标系转换的公式，旋转要用到3×3单位正交矩阵，即公式中的R，平移要用到三维平移向量，即公式中的t，公式中的0为三维零向量。

四坐标系间的关系表示为以下公式：

$$\boldsymbol{Z}_c \begin{bmatrix} u \\ v \\ 1 \end{bmatrix} = \begin{bmatrix} \frac{1}{dx} & 0 & u_0 \\ 0 & \frac{1}{dy} & v_0 \\ 0 & 0 & 1 \end{bmatrix} \begin{bmatrix} f & 0 & 0 & 0 \\ 0 & f & 0 & 0 \\ 0 & 0 & 1 & 0 \end{bmatrix} \begin{bmatrix} R & t \\ 0^T & 1 \end{bmatrix} \begin{bmatrix} X_w \\ Y_w \\ Z_w \\ 1 \end{bmatrix}$$

$$= \begin{bmatrix} a_x & 0 & u_0 & 0 \\ 0 & a_y & v_0 & 0 \\ 0 & 0 & 1 & 0 \end{bmatrix} \begin{bmatrix} R & t \\ 0^T & 1 \end{bmatrix} \begin{bmatrix} X_w \\ Y_w \\ Z_w \\ 1 \end{bmatrix} = \boldsymbol{M}_1\boldsymbol{M}_2\boldsymbol{X}_w = \boldsymbol{M}\boldsymbol{X}_w$$

1.3.3 双目相机的畸变系数

在研究物体与图像之间的关系时，需要将光学镜头的透视失真考虑在内，在这一因素的影响下，图像会存在一定的偏差。透视失真问题难以完全根除，因此图像偏差也只能尽量减小。通常情况下，图像的畸变主要包括径向畸变和切向畸变两种，根据镜头畸变系数修正图像。

以畸变中心为参照，图像的像素沿径向偏离原先的位置，使图像的形状发生改变，即为径向畸变。径向畸变模型基于多项式展开原理，通常使用前三个系数（k_1、k_2、k_3）描述不同阶次的畸变：k_1主导中心区域校正，k_2和k_3逐步补偿中远距离的畸变，以提升整体校正精度。以下为径向畸变的描述公式：

$$\begin{cases} x_0 = x\left(1+k_1r^2+k_2r^4+k_3r^6\right) \\ y_0 = y\left(1+k_1r^2+k_2r^4+k_3r^6\right) \end{cases}$$

公式中的（x_0，x_0）、（x，y）分别表示校正前后图像上的像素点位置，r代表的是径向距离。

在安装镜头时，镜头与平面之间未做到完全平行会导致图像存在一定的偏差，即为切向畸变。切向畸变表示为以下公式中的p_1、p_2：

$$\begin{cases} x_0 = x+\left[2p_1xy+p_2\left(r^2+2x^2\right)\right] \\ y_0 = y+\left[2p_2xy+p_1\left(r^2+2y^2\right)\right] \end{cases}$$

从径向畸变和切向畸变两方面入手，达到修正镜头畸变的效果。前面已提到了径向畸变的k_1、k_2、k_3以及切向畸变的p_1、p_2共5个畸变参数，根据这些参数的具体数值进行消除畸变的操作：

$$\text{Distortion Coefficients} = \left(k_1,k_2,p_1,p_2,k_3\right)$$

通过相机标定获取畸变参数，而后结合畸变参数和相机参数最终完成相机标定。

1.3.4 双目相机的标定方法

基于像素坐标系与世界坐标系之间的关系，结合约束条件得到相机内外参数和畸变系数，此即相机标定。相机标定的方法有两种，二者的主要区别在于是否需要参照物。

传统相机标定方法需有一个参照物，通常为棋盘格，在标定前需确认棋盘格的数量和单个棋盘格的大小。按照传统标定方法，棋盘格顶点对应图像中的点，由于棋盘格的数量和尺寸都是确定的，则相机的内外参数与畸变系数也是可得的。在传统标定方法中，标定物起到非常关键的作用，其制作精度与整个方法的精度密切相关。具体而言，传统标定方法有张正友标定法、Tsai两步标定法等。

与传统标定方法不同，相机自标定法不必借助参照物。此种标定方法要用到多视图约束几何方程，在同一场景内，从多个方位获取图像信息。相机本身包含约束信息，同时对应点可提供几何信息，结合这两项信息可得到相机参数。相机自标定法由于无须使用标定物，其灵活性较强，但也正是因为无标定物，其精度较传统标定方法有所不及，鲁棒性方面的表现略显逊色。

下面介绍传统标定方法中的张正友标定法。

采用张正友标定法，首先需从多角度拍摄标定物，如果所选取标定物为棋盘格，则取棋盘格顶点，据棋盘格信息得到相机畸变系数和内外参数，而后采用极大似然估计处理所得参数，达到优化参数的效果。

$$s\begin{bmatrix}u\\v\\1\end{bmatrix}=\boldsymbol{M}_1\begin{bmatrix}r_1 & r_2 & r_3 & t\end{bmatrix}\begin{bmatrix}X_{\mathrm{w}}\\Y_{\mathrm{w}}\\0\\1\end{bmatrix}=\boldsymbol{M}_1\begin{bmatrix}r_1 & r_2 & t\end{bmatrix}\begin{bmatrix}X_{\mathrm{w}}\\Y_{\mathrm{w}}\\1\end{bmatrix}$$

上式中的 $\boldsymbol{M}_1$ 表示相机内参矩阵，矩阵的具体构成如下。

$$\boldsymbol{M}_1=\begin{bmatrix}\alpha & \gamma & u_0\\0 & \beta & v_0\\0 & 0 & 1\end{bmatrix}$$

根据图片的要求，设置一个单应性矩阵 $\boldsymbol{H}$，λ 表示的是尺度因子，r_1 和 r_2 之间呈正交的关系，则约束条件如下：

$$h_1^T\boldsymbol{M}_1^{-T}\boldsymbol{M}_1^{-1}h_2=0$$
$$h_1^T\boldsymbol{M}_1^{-T}\boldsymbol{M}_1^{-1}h_1=h_2^T\boldsymbol{M}_1^{-T}\boldsymbol{M}_1^{-1}h_2$$

h_1 和 h_2 可由单应性求解得到，因此接下来需要求解的是 $\boldsymbol{M}_1$ 中的 5 个参数，这需要用到 3 个单应性矩阵。单应性矩阵的获取方法如下：从多个角度和高度对标定板进行拍摄，得到 3 张照片，分别对应 3 个矩阵。

$$\boldsymbol{B}=\boldsymbol{M}_1^{-T}\boldsymbol{M}_1^{-1}=\begin{bmatrix}B_{11} & B_{12} & B_{13}\\B_{21} & B_{22} & B_{23}\\B_{31} & B_{32} & B_{33}\end{bmatrix}$$

$$=\begin{bmatrix}\dfrac{1}{\alpha^2} & -\dfrac{\gamma}{\alpha^2\beta} & \dfrac{v_0\gamma-u_0\beta}{\alpha^2\beta}\\ -\dfrac{\gamma}{\alpha^2\beta} & \dfrac{\gamma^2}{\alpha^2\beta^2}+\dfrac{1}{\beta^2} & -\dfrac{\gamma\left(v_0\gamma-u_0\beta\right)}{\alpha^2\beta^2}-\dfrac{v_0^2}{\beta^2}\\ \dfrac{v_0\gamma-u_0\beta}{\alpha^2\beta} & -\dfrac{\gamma\left(v_0\gamma-u_0\beta\right)}{\alpha^2\beta^2}-\dfrac{v_0^2}{\beta^2} & \dfrac{\left(v_0\gamma-u_0\beta\right)^2}{\alpha^2\beta^2}+\dfrac{v_0^2}{\beta^2}+1\end{bmatrix}$$

下式表示相机内参：

$$\begin{cases}v_0=\left(B_{12}B_{13}-B_{11}B_{23}\right)/\left(B_{11}B_{22}-B_{12}^2\right)\\ \lambda=B_{33}-\left[B_{13}^2+v_0\left(B_{12}B_{13}-B_{11}B_{23}\right)\right]/B_{11}\\ \alpha=\sqrt{\lambda/B_{11}}\\ \beta=\sqrt{\lambda B_{11}/\left(B_{11}B_{22}-B_{12}^2\right)}\\ \gamma=-B_{12}\alpha^2\beta/\lambda\\ u_0=\gamma v_0/\alpha-B_{13}\alpha^2/\lambda\end{cases}$$

下式表示相机外参：

$$
\begin{cases}
r_1 = \dfrac{1}{\lambda}\boldsymbol{M}_1^{-1}h_1 \\
r_2 = \dfrac{1}{\lambda}\boldsymbol{M}_1^{-1}h_2 \\
r_3 = r_1 \times r_2 \\
t = \lambda \boldsymbol{M}_1^{-1}h_3 \\
\lambda = \dfrac{1}{\left\|\boldsymbol{M}_1^{-1}h_1\right\|} = \dfrac{1}{\left\|\boldsymbol{M}_1^{-1}h_2\right\|}
\end{cases}
$$

以上推导的前提是无噪声和其他干扰，无法完全对应实际情况。由于实际标定过程难免会受到干扰，所以在得到参数后需对其实施优化，优化所采用的手段为极大似然法。对于单目相机而言，参数优化的完成意味着相机标定的最终完成，而双目视觉系统相机标定的情况又有所不同。在双目视觉系统中，除了分别标定两个相机以外，还需通过专门的标定工作确定相机间的关系，得到双相机之间的旋转矩阵及平移向量。

1.3.5 双目立体匹配的算法

图像在三维空间中存在对应，另外三维空间点在双目视觉系统左右相机的图像上也分别存在对应，立体匹配可用于确定后一种对应关系，根据两种对应关系可计算得到视差，进而确定点的三维信息。

（1）立体匹配的基本约束条件

关于立体匹配，有多种算法和基本约束条件，将算法与约束条件恰当地结合在一起，能够使立体匹配变得简单、高效和精确。以下介绍几种常见的基本约束条件。

① 极线约束。使用最多的约束条件。根据两点确定一条直线的基本公理，必有一条直线同时穿过左右图像上彼此呈对应关系的两个匹配点，此直线称为极线。极线约束的作用是缩小图像搜索范围，将原本在二维图像上的搜索改为在一维直线上的搜索，从而显著降低搜索难度和工作量，同时匹配精度有所提升。

② 相似性约束。图像之间的点、线、块等构成要素会呈现出相似性，将这种相似性作为立体匹配的约束条件。

③ 唯一性约束。对于图像上的单个点来说，它在另一图像上的对应点最多只有一个，因此视差值也最多只有一个。

④ 左右一致性约束。左右图像的点都有在另一图像上的对应点，这种左右一致的对应关系应当是双向的，对应关系不成立意味着匹配不唯一，这样的匹配是不成功的。用基本约束条件确认立体匹配结果的正误，找出匹配错误的点，实现最优匹配。

（2）半全局匹配算法

半全局匹配算法可用于获取视差图，是局部匹配和全局匹配之间的一种折中方案，结合了这两种匹配算法的优点，同时规避了其各自的缺点。半全局匹配算法效率极高，其产生的视差图在精度上能达到较高的水平，这样的优势使其得到了较为广泛的应用。具体而言，半全局匹配算法由以下四个步骤组成。

① 代价匹配。此步骤需要比较待匹配点和候选匹配点的相似度。代价匹配有两种方法：互相关性度量方法和差值度量方法。两点的互相关性度量结果与其相似性之间成正比关系，两点间的相似度越高说明两者越有可能具备对应关系，越有可能是相互匹配的两个点。与互相关性不同，两点的差值度量结果与其相似性成反比。

在开始匹配点搜索前，需针对像素设置视差范围 D，在该范围内进行搜索。图像上的每个像素与位于 D 内的像素之间有一个匹配代价值，借助一个矩阵来计算全部的匹配代价值并进行数值的存储，该矩阵的尺寸为图像的高度 H、宽度 W 与视差范围 D 的乘积。可采用灰度绝对值差、归一化系数、互信息、Census 变化等多种方法计算匹配代价值，目前，后两种方法是使用最多的。

② 代价聚合。初始的代价匹配仅在局部窗口内进行计算，未涉及所处局部以外区域的相关性，同时还容易受到噪声的影响。因此需通过代价聚合达到优化匹配的效果，采取全局能量最优战略，设置并持续优化全局能量函数，直到其达到最小值，以最大程度实现像素匹配的优化。以下是全局能量函数的定义：

$$
\begin{aligned}
E(D)=\sum_{\mathrm{p}} C\left(p, D_{\mathrm{p}}\right)&+\sum_{q \in N_{\mathrm{p}}} P_1 T\left[\left|D_{\mathrm{p}}-D_{\mathrm{q}}\right|=1\right] \\
&+\sum_{q \in N_{\mathrm{p}}} P_2 T\left[\left|D_{\mathrm{p}}-D_{\mathrm{q}}\right|>1\right]
\end{aligned}
$$

函数总共由三部分组成，第一部分负责求得上一步骤所得代价的总和，像素的视差变化不可过大，否则很容易导致匹配错误，第二部分和第三部分的作用就是使匹配符合连续性的约束条件，控制像素的视差变化幅度，针对视差波动过于强烈的情况实施惩罚，降低匹配错误的发生概率。具体而言，如果视差变化比较小，由第二部分实施惩罚，此时惩罚力度比较轻，公式中作为惩罚参数的 P_1 也将处于一个较小的数值；而如果视差变化比较大，则由第三部分实施惩罚，此时惩罚的力度比较重，相应地，P_2 将处于较大数值。

根据具体的视差变化范围确定惩罚力度，可以考虑到多种边缘情况。不过，视差变化过大涉及非常广阔的范围，针对这样一个范围的惩罚，将惩罚参数 P_2 设置成单个常数并非合理的做法，需按照以下公式对 P_2 进行调整。

$$
P_2=\frac{P_2'}{\left|I_{\mathrm{bp}}-I_{\mathrm{bq}}\right|}, \quad P_2>P_1
$$

在能量函数的优化过程中，最优解的获取是一项难度极高的工作，所以对此半全局匹配算法采用路径代价聚合方法。通往一个像素的路径有多条，它们分布在路径的邻域中，路径代价聚合会分别计算各条路径的匹配代价，然后通过求和获取代价聚合值。

③ 视差计算。视差计算的操作并不复杂，即将像素的最小代价聚合值作为像素视差的最优值。视差计算的对象为全部像素，因此，视差图拥有与原图相同的尺寸，能够反映图像的匹配关系。

④ 视差优化。视差计算选取的代价聚合值并不能保证准确，为确保得到预期的匹配结果，需对视差进行优化。视差优化基于匹配的基本约束条件进行，通过优化剔除错误匹配，使视差具备更高的精度，降低噪声对计算的影响。

通过代价聚合未能获得像素的最小视差值，这种情况被视作错误匹配。造成错误匹配的原因有很多，包括图像噪声、遮挡、重复纹理等。错误匹配会严重影响匹配精度，在剔除错误匹配方面，当前多采用左右一致法，依据的是匹配的唯一性约束条件，根据此约束条件，在右图像上存在与左图像上某一像素点相互对应的唯一像素点，反之亦然。左右一致法会比较两对应像素点的视差值，参照特定阈值判定匹配结果，如果视差值超过了阈值，就意味着不符合唯一性的条件，这样的视差会被剔除。

剔除错误匹配的方法还包括剔除小连通区。连通区指本区域视差与邻域视差的差值较小的区域，面积过小的连通区很有可能是错误匹配的结果，因此剔除小连通区可达到剔除错误匹配的效果。

唯一性检测也可用于剔除错误匹配，此方法需计算像素的最小代价值和次小代价值，两数值的差值较特定阈值更低时表示匹配不准确，应当作错误匹配予以剔除。

以上介绍了三种常用的剔除错误匹配的方法，这些方法都不是完美的，无法识别的状况时有发生，为了取得更好的识别效果，可考虑将它们结合起来加以利用。

由视差计算获取的视差图存在一定缺陷，主要体现在精度方面，这是由其整像素的特性造成的。可借助子像素优化技术提升视差精度，详细步骤如下：标注全部像素点视差，确定最优像素点及其邻近的两个视差点，然后穿过此 3 点画出抛物线，线条顶点即最优子像素。

像素视差值的计算经常会受到噪声的影响，因为计算时所处的场所为小窗口。可借助图像滤波方式对视差图实施滤波处理，达到抑制噪声的效果。常用的图像滤波方式有中值滤波、边值滤波等，双边滤波则在保持边缘精度方面有着较为出色的表现，可根据实际需要做出选择。

第2章

机器视觉的硬件系统构成

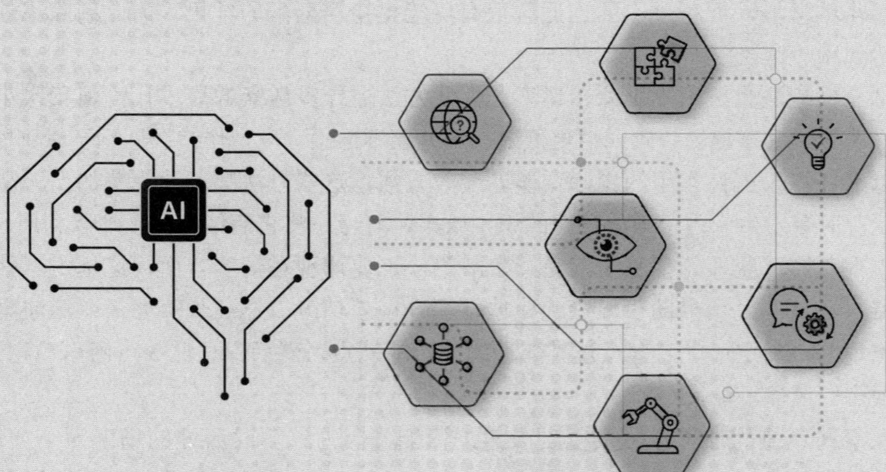

2.1 工业相机的类型与选型参数

2.1.1 工业相机的类型划分

在机器视觉系统中，相机的作用非常重要，是系统的核心部件之一。比如，机器视觉首先要进行图像输入，这就需要借助相机来完成。下面就来讨论机器视觉的相机选择。

首先需要了解相机的分类，可以按照多种分类方式对相机进行分类。

（1）按色彩分类

以色彩为分类依据，相机可分为彩色相机和黑白相机两种。

黑白相机接收到光强信号后，会将其转换为图像灰度值，得到灰度图像。彩色相机接收到的光信号中包含红、绿、蓝三个分量，其得到的图像是彩色的，如图 2-1 所示。彩色相机通常用于需要进行颜色处理的场景，以及产品与复杂背景颜色不一致的场景。除以上情况外一般都使用黑白相机，因为当图像输入到软件中时，需要统一转换为黑白图像以便后续处理，使用黑白相机可以省去图像转换的步骤，而且使用彩色相机还有数据丢失的风险。

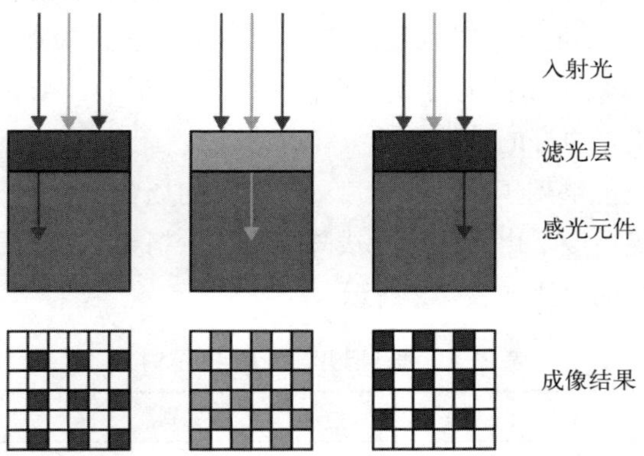

图 2-1 彩色相机的成像原理

（2）按感光芯片的技术分类

以感光芯片技术作为分类依据，相机可分为 CDD 相机和 CMOS 相机。

在进行光信号向电信号的转换时，不同的芯片将采用不同的转换方式。在 CCD 传感器中，像元接收到光照后会生成电荷，在输出电极的作用下，电荷会经历传输和转化的过程，最终以电流、缓冲、信号的形式完成输出。在 CMOS 传感器中，像元可以凭借自身将电荷转化成电压，并生成数字信号。

相比于 CMOS 相机，CCD 相机在大多数时候拥有更好的成像质量，而相机的选择还需要参考实际需求。比如，CCD 相机更适用于弱光低速的检测环境，可以提高图像细节的丰富度；但如果看重性价比以及成像的速度和质量，那么新式 CMOS 相机是更好的选择。

CCD 相机与 CMOS 相机的对比如表 2-1 所示。

表 2-1 CCD 相机与 CMOS 相机的对比

分类	主要区别
CCD 相机	CCD 集成在半导体单晶材料上； CCD 的制造成本和功耗高； 色彩还原性相对较强，图像锐利度、清晰度好； CCD 芯片曝光方式一般为帧曝光或全局曝光，可拍摄静止或运动物体
CMOS 相机	CMOS 集成在金属氧化物的半导体材料上； CMOS 的制造成本和功耗低； 色彩还原能力偏弱； CMOS 芯片有卷帘式曝光和全局式曝光，卷帘式曝光适合拍摄静止物体，全局式曝光可拍摄静止或运动物体

（3）按传感器的像素排列方式分类

以传感器像素排列方式为分类依据，相机有面阵相机和线阵相机两类。

两种相机的图像输出方式存在差别。面阵相机采用整幅输出图像的方式，可用来测量面积、形状、尺寸、位置以及温度等，适用于静止检测或低速检测的场合。线阵相机则采用逐行输出图像的方式，当图像区域呈条形，或者有高速运动物体成像需求时，线阵相机是更好的选择。

另外，线阵相机能够用于对扫描精度要求较高的场合，而面阵相机的应用场景往往不需要很高的扫描精度，由此决定，线阵相机的价格要明显高于同类的面阵相机。线阵相机与面阵相机的对比如表 2-2 所示。

表 2-2 线阵相机与面阵相机的对比

分类	主要区别
线阵相机	芯片为线状； 相机与物体间要有相对运动才能成像； 价格较高； 能够拥有非常高的行频和横向分辨率
面阵相机	芯片为面阵； 物体静止或运动均可成像； 性能不同，价格不一； 可以实时获得二维图像信息，能够直观地对图像进行测量

（4）按相机数据输出模式分类

以数据输出模式作为分类依据，相机有模拟相机和数字相机两种，分别输出模拟信号和数字信号。

模拟相机的优点在于良好的通用性和较为低廉的成本，不过其分辨率一般比较低，采集速度也不够快，并且在图像传输时无法有效地抵御噪声干扰，因此对图像质量并无太高要求的机器视觉系统一般会采用模拟相机。数字相机内部集成了模拟数字转换器，能够直接完成模拟量的图像信号向数字信号的转变。数字相机的图像质量好，在图像传输过程中能够有效地抵抗干扰，具备较高的分辨率，拥有丰富多样的视频信号格式和视频输出接口，以上优点使得数字相机成为越来越多机器视觉系统的选择。

模拟相机和数字相机的对比如表 2-3 所示。

表 2-3　模拟相机和数字相机的对比

分类	主要区别
模拟相机	一般分辨率较低，采集速度慢，价格便宜； 分为逐行扫描和隔行扫描，图像传输易受到噪声干扰； 信号传输为模拟信号，在相机外部采用图像采集卡进行模 / 数信号转换； 多用在实时监控等安防行业，市场利用率逐渐降低
数字相机	分辨率有多种选择，采集速度快，价格不一； 有卷帘式曝光和全局式曝光，图像质量好； 信号传输为数字信号，在相机内部完成模 / 数信号转换； 逐渐取代模拟相机

2.1.2　工业相机的主要参数

在为机器视觉选择相机时需要考察相机的主要参数，尤其是与机器视觉相关的参数。

（1）分辨率

相机分辨率是相机捕捉图像的像素数量，体现的是相机分辨细节的能力。对于相同种类的相机来说，更高的分辨率意味着更高的档次，不过要注意的是，分辨率并不是选择相机时唯一要考虑的指标，通常情况下，相机像素的精度应不小于项目测量精度。

选择分辨率时要结合待测量或待观察物体的精度，相机的单方向分辨率为单方向视野与理论精度之比，举例来说，如果单方向视野的长度为 5mm，而理论精度为 0.02mm，那么单方向分辨率为两数值之比即 250。不过，出于提高系统稳定性的考虑，像素单位与测量 / 观察精度值之间不会是相等的关系，通常情况下前者至少是后者的 4 倍。因此，当测量 / 观察精度值为 250 时，相机的单方向分辨率应为 1000，130 万像素（1280×960）的相机可满足此种情况下的使用需要。

（2）像素尺寸

像素的实际大小称为像素尺寸，通常用微米（μm）来表示。当分辨率一致时，像素尺寸与图像大小成反比。

（3）像素深度和帧率

像素深度指的是存储每一个像素所使用的位数。对于图像来说，更大的像素深度意味着更多的颜色数目，以及更大的文件尺寸。比如，黑白图像的像素深度为 8 位，而彩色图像的像素深度为 24 位。

单位时间内的拍摄次数为相机的帧率，帧率为 30FPS 即表示每秒的拍摄次数为 30 次。帧率体现的是相机的测量效率，帧率更高的相机能够在单位时间内捕捉到更多图像，图像显示的流畅度也会更高。

相机帧率须大于检测速度，必须在相机的曝光和传输时间内完成图像的处理。在挑选相机时，不宜一味追求高帧率而选择高速相机，因为高速相机通常需要外加强光照射。此外，高速相机需要花费较为高昂的成本，对于图像处理速度要求较高。在实际应用中，相机的选择要参考相对运动速度，只要相机能够在检测区域内捕捉到被测物体，就可以达到要求。举例来说，视野长度为 1m，被测物通过视野的速度是 10m/s，此条件下帧率为 10～12 帧 /s 的相机可捕捉到被测物；如果被测物的速度不变，视野的长度变为 0.1s，那么完全捕捉到被测物需要相机的帧率在 100 ～ 120 帧 /s。

（4）曝光方式和快门速度

相机的最小曝光时间与目标运动速度有关，需满足目标运动速度的要求。线阵相机采用的曝光方式是逐行曝光，采集方式主要有两种：固定行频和外触发同步。在曝光时间方面，可选择与行周期保持同步，也可选择设置固定曝光时间。面阵相机较常采用的曝光方式有帧曝光、场曝光、滚动行曝光等。

通常情况下，相机的快门速度能够达到 10μs，高速相机则拥有更快的快门速度。

（5）数字接口

数字接口负责相机数据的输出，常见的接口类型有 USB2.0/3.0、Fire Ware、GigE、Camera Link 等，不同接口在传输速率及传输距离上有所区别，如表 2-4 所示。

表 2-4　不同接口类型的优缺点对比

类型	优点	缺点
USB2.0	连接方便，无需采集卡	传输距离近，接口不稳定
USB3.0	连接方便，传输速度快	传输距离近，接口不稳定
Fire Ware	速度稳定，支持热插拔	传输距离近，普及率低
GigE	价格低，传输距离远	CPU 占用率高
Camera Link	传输速度快	价格高，不支持热插拔

2.1.3 工业相机的选型步骤

相机的选型可按照以下步骤来进行。

（1）获取系统精度要求以及相机分辨率等信息

精度要求在不同的场景下有不同的体现，在尺寸测量场景下，系统的精度要求体现为测量精度，在缺陷检测场景下，系统的精度要求体现为最小缺陷尺寸。系统精度也被称为像素值，包括 X 方向和 Y 方向的系统精度，特定方向的系统精度计算公式为该方向的视野范围与 CCD 芯片像素数量之比。

相机的分辨率也可根据公式计算得到：分辨率 =（视野的高 / 精度）×（视野的宽 / 精度）×2。

（2）确定相机的快门方式

这需要参考物体的状态，当被测物处于运动状态时，快门方式选用全局快门，当被测物处于静止状态时选用卷帘快门。

（3）确定相机帧率

相机的最低帧率为物体运动速度与视野的比值。

（4）确定相机图像色彩

相比于彩色图像，黑白图像拥有检测精度上的优势，具体体现在对比度和锐度上，因此黑白相机更为常用。而如果有色彩识别或色彩缺陷检测等需求，则需要使用彩色相机。

（5）确定相机与图像采集卡的匹配情况

考察两者的匹配状况，主要从以下几个方面入手。

① 分辨率的匹配：每款板卡所支持的相机位于一定的分辨率区间内，超出此区间的相机不予支持。

② 特殊功能的匹配：相机特殊功能的使用需得到板卡的支持。比如，在采集卡支持多通道的情况下，才能实现多部相机同时拍照，同样地，相机的逐行扫描功能也要得到采集卡的支持才能实现。

③ 接口的匹配：相机和板卡的接口需要匹配，常见的接口类型有 Camera Link、GigE、CoxPress、USB3.0 等。

④ 视频信号的匹配：黑白模拟信号相机一般采用 CCIR 和 RS170（EIA）两种格式，一般情况下，采集卡可同时支持这两种格式。

（6）选择合适的相机

完成上述步骤后，从价格层面做出衡量，确定合适的相机。

在机器视觉系统中，相机和图像采集卡负责图像采集，软件则用于在 PC 中进行图像处理，图像处理过程要用到图像采集卡和图像处理卡。智能相机是一个小型机器视觉系统，属于嵌入式计算机视觉系统，它集成了图像采集、图像处理、信息传递等多项功能。在单个相机中，智能相机实现了多个部件的集成，包括图像传感器、数字处理器、通信模块，以及其他外部设备，这样一来，相机能够发挥建立在PC基础上的计算机视觉系统的作用，可用于图像的分析和处理。而且，智能相机采取一体化设计方案，减小了系统尺寸，使系统的复杂程度有所降低，同时使系统拥有更高的可靠性。

2.2 工业镜头的分类与主要参数

光学镜头是进行图像采集的重要部件之一，一般称为摄像镜头或摄影镜头，主要负责在图像采集时对采集对象进行成像。光学镜头决定着多个影响图像质量的关键指标，包括分辨率、像差、对比度、景深等。

拍摄要求和拍摄场景的多样化决定了光学镜头有多种类别，同时对应不同级别的拍摄，在质量上也有多个分级。很多用户在搭建系统的过程中往往会忽视设备选择的重要性，从而导致所采集的图像质量不符合要求，甚至影响到整个系统效用的发挥。针对这一问题，下面我们对各种不同类别的常规镜头进行统一介绍，详细说明不同类型镜头的适用场景、参数选择建议以及应用影响因素，帮助使用者更好地选出与其需求相匹配的镜头。

2.2.1 根据有效像场划分

首先，可以根据有效像场的大小进行划分。像场是进行相机选择的重要指标之一，这一概念包含三个子概念，分别是最大像场、清晰像场和有效像场。

将摄影镜头固定在一个大体积的伸缩暗箱前端，并在与之对应的后端安装一块面积足够大的磨砂玻璃，随后对镜头参数进行调整，使镜头光圈达到最大值，当调焦所对应的物品无限远时，磨砂玻璃会被分割为有影像的圆形区域和无影像的漆黑背景区域，其中有影像的圆形区域即最大像场。

以最大像场圆心向周围扩散，至无限远处的景物成像不再清晰处为边界，边界所圈出的范围即清晰像场。清晰像场内能够被照相机或摄影机靶面所覆盖的范围为有效像场。由于视觉系统中所用的摄像机的靶面尺寸并不统一，因此在进行镜头选择时应注意摄像机的靶面尺寸应小于或等于镜头的有效像场，否则可能产生成像边缘不清晰甚至缺失的情况。

以有效像场大小为划分依据，可将镜头划分为如下几类，如表2-5所示。

2.2.2 根据镜头焦距分类

以焦距是否可调节为划分依据，可将镜头划分为定焦距镜头和变焦距镜头两大类。

表 2-5　基于有效像场的镜头分类

镜头类型		有效场尺寸
电视摄像镜头	1/4 英寸摄像镜头	3.2mm×2.4mm（对角线 4mm）
	1/3 英寸摄像镜头	4.8mm×3.6mm（对角线 6mm）
	1/2 英寸摄像镜头	6.4mm×4.8mm（对角线 8mm）
	2/3 英寸摄像镜头	8.8mm×6.6mm（对角线 11mm）
	1 英寸摄像镜头	12.8mm×9.6mm（对角线 16mm）
电影摄影镜头	35mm 电影摄影镜头	21.95mm×16mm（对角线 27.16mm）
	16mm 电影摄影镜头	10.05mm×7.42mm（对角线 12.49mm）
照相镜头	135 型摄影镜头	36mm×24mm
	127 型摄影镜头	40mm×40mm
	120 型摄影镜头	80mm×60mm
	中型摄影镜头	82mm×56mm
	大型摄影镜头	240mm×180mm

同时，定焦镜头又可以以焦距为依据被进一步划分为鱼眼镜头、短焦镜头、标准镜头、长焦镜头四类。在这一分类下，应注意进行划分的第一指标是相角的大小而非焦距的绝对值，因此这也决定着标准镜头的焦距大小将随着靶面面积的改变而改变。变焦镜头的焦距值能够通过变焦环在一定范围内自主调节，其中焦距的最大值与最小值的比值为变焦倍率。从变焦方式来看，变焦镜头可分为手动变焦和电动变焦两类。

变焦镜头支持对焦距的灵活调整，因此能够适应多种拍摄场景，在一些摄影视场变化较大的领域应用较多。但是，由于变焦距镜头需要通过多透镜的安装和复杂的结构设计实现焦距的灵活调整，因此在一定程度上限制了镜头的最大相对孔径，从而造成得到的画面较暗，图像清晰度难以满足要求。此外，复杂的结构设计以及不固定的调焦距离使得像差校正难以实现，因此相较于同价格水平的定焦距镜头，变焦镜头的成像质量远远落后。

在具体应用场景中，常用镜头的焦距范围往往为 4 ～ 300mm，根据具体场景要求的不同被划分为多个梯度。确定焦距的大小是镜头选择时所应考虑的首要问题，这就要通过由光学镜头的成像规律所推导出的两个基本成像公式——牛顿公式和高斯公式来进行计算。针对机器视觉系统中的常见设计模型，主要选择成像的放大率和物距两个参数代入相关模型进行计算。

2.2.3　根据接口类型划分

接口类型也是镜头的划分依据之一，但接口与镜头的成像表现和成像质量并无直接关系，且不同的常用接口之间可以通过共用转换头实现连接。常见的工业摄像机接口有 C 接口、CS 接口、M42 接口、M50 接口、徕卡接口、F 接口、V 接口、T2 接口等。

C 接口和 CS 接口是应用最多的国际标准接口，1 英寸 32UN 英制螺纹连接口，二者拥有相同的连接螺纹，主要差异在于 C 接口和 CS 接口的后截距长度不同，C 接口为 17.5mm，CS 接口为 12.5mm。因此这也决定了在使用外部接圈的情况下，CS 镜头能够兼容 C 接口摄像机，而 C 接口摄像机则不能与 CS 镜头进行连接。

F 接口镜头是尼康镜头专用的接口标准，因此也称为尼康口，在工业摄像机中同样有着较广的应用范围，该类接口镜头往往对应靶面大于 1 英寸的摄像机。

V 接口镜头是专业镜头品牌施耐德所主要使用的标准，除了该品牌外，一些靶面较大的相机和有特殊用途的镜头也可以使用该接口。

2.2.4 特殊用途的工业镜头

显微镜头（micro），主要应用于具有高成像比例要求的拍摄系统（比例大于 10∶1），但由于当前摄像机的像元尺寸往往小于 3μm，因此，此类镜头的应用范围进一步扩大，当成像比例大于 2∶1 时也可以选用此类镜头。

微距镜头（macro），主要用于近距离拍摄物体的成像，适用成像比例范围为（2∶1）～（1∶4），是一类特殊镜头。当对图像质量要求不严苛时，可以使用接圈或近拍镜实现放大成像。

远心镜头（telecentric），此类镜头的设计目的是解决传统镜头中物距变化影响成像的问题，该镜头通过特殊的设计排除了物距变化对图像放大倍率的影响，这一设计对于被测物处于多个物面上的拍摄场景有着重要意义。

紫外镜头（ultraviolet）和红外镜头（infrared）是主要针对不可见光，即紫外线和红外线所设计的镜头。通常情况下，普通镜头适用于可见光范围内的拍摄，由于光线的波长差异，其在同一光学系统内部的折射率也有所区别，因此在对某一点进行成像时，不同波长的光会被折射至不同位置，难以相交，从而导致图像出现色差。常用的镜头针对可见光范围内出现的色差进行相应的消色差设计，而紫外镜头和红外镜头则主要对不可见光范围内的色差进行消除。

2.2.5 工业镜头的主要参数

在机器视觉系统中，镜头是机器进行物体图像采集的直接部件，其主要功能是对物体进行成像，并将所成的像投射在相机（传感器）的光敏器件上。镜头成像是机器视觉系统进行视觉处理任务的第一步，镜头所成的像是后续系统进行图像信息处理的基础，因此镜头的质量决定着整个视觉系统的任务处理效果。

下面将简单介绍机器视觉工业镜头的相关参数。

（1）焦距

平行于主轴的光线被透镜折射后汇聚于一点，成为焦点，透镜中心到焦点的距离即为焦距（EFL），如图 2-2 所示。光学系统汇聚光线的能力越强，焦距就越短。

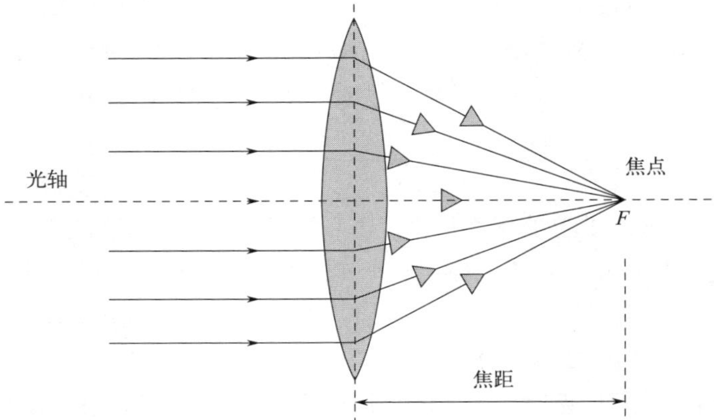

图 2-2 焦距示意图

焦距的长短影响着相机视场角的大小，在感光元件保持不变的情况下，镜头焦距与图像视场角成负相关关系。图 2-3 是不同焦距下所生成图像的对比效果。

图 2-3 不同焦距的成像对比

（2）光圈数

光圈数（F.No），又称为 F 数，主要用于衡量镜头的通光能力，是焦距（EFL）

与光圈在物方空间的像（入瞳直径，*D*）的比值，计算公式为 *F.No*=*EFL*/*D*。

光圈数影响着画面的亮度、景深以及相机的装配灵敏度。

① 画面亮度。*F.No* 的大小决定着光学系统的通光能力，*F.No* 越大，光学系统的通光能力越弱，画面亮度越低；*F.No* 越小，光学系统的通光能力越强，画面越亮。

② 景深。在其他参数不变的情况下，*F.No* 的数值与景深大小呈正相关。

③ 装配灵敏度。*F.No* 越大，图像对安装倾斜的感知能力越弱，灵敏度越低，装配难度越小；*F.No* 越小，图像对安装倾斜的感知能力越强，灵敏度越高，装配难度越大。

（3）畸变

畸变（distortion）指在光学系统中，由光学元件固有的缺陷、工艺偏差及组装原因所造成的透镜失真而导致所成像相对于实际拍摄物体出现线条弯曲、画面形变的情况，具体包括两层含义：

① 指光学系统拍摄物体所成的像相对于原物体呈现出的失真程度。

② 指对图像进行拍摄时，图像的变形程度。TV 畸变又可进一步划分为枕形畸变和桶形畸变，其中畸变值大于 0，直线向外弯曲的畸变为枕形畸变；与之相反，畸变值小于 0，直线向内弯曲的畸变为桶形畸变，如图 2-4 所示。

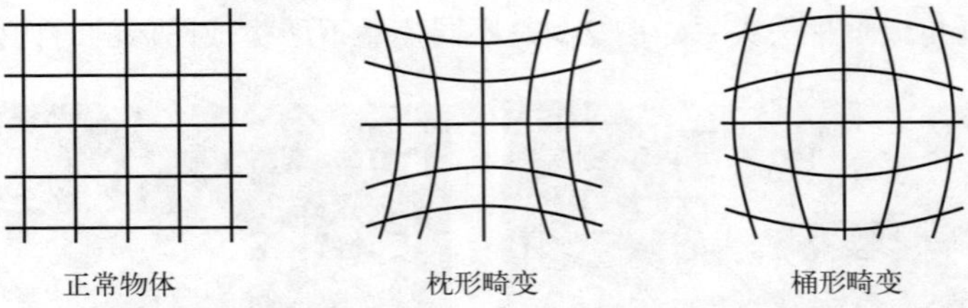

图 2–4 枕形畸变和桶形畸变

（4）视场角

视场角（field of view）是指镜头在感光元器件上所能捕捉到的空间角度范围，即以光学系统入瞳中心为原点，向被摄物体方向发射射线，使物体能够通过原点成像，其中最边缘的两条射线所成的夹角；或以出瞳中心为原点，边缘射线所构成的夹角。

镜头焦距、视场角与 Sensor 靶面的关系如下：

① 在镜头焦距保持一致的情况下，视场角大小与 Sensor 靶面呈正相关。

② Sensor 靶面保持一致的情况下，镜头焦距与视场角呈负相关。

③ 镜头焦距与 Sensor 靶面都保持一致的情况下，桶形（负）畸变越大，视场角越大。

（5）清晰度

清晰度（resolution）是在分辨率和反差共同作用下展现出来的效果。

分辨率又有分辨力、解析力、解析度等多种别称，其具体衡量的是镜头对被摄物体细节的展现能力，镜头的分辨率越高，所拍摄的图像细节越到位，画面也越清晰。

反差即对比度，主要用于表现画面亮度最高处与亮度最低处的亮度差，往往使用 MTF（modulation transfer function，调制传递函数）表示镜头反差。严格意义上讲，MTF 描述的是光学成像系统对各个维度指标对比度的传导能力，其具体公式如下：

$$MTF=\frac{\left(I'_{max}-I'_{min}\right)/\left(I'_{max}+I'_{min}\right)}{\left(I_{max}-I_{min}\right)/\left(I_{max}+I_{min}\right)}$$

式中，I'_{max} 和 I'_{min} 分别表示图像灰度的最大值和最小值；I_{max} 和 I_{min} 分别表示被摄物灰度的最大值和最小值。

很明显，调制度的范围为 $0 < MTF < 1$，调制度 MTF 的数值越大，则亮度的反差值越大；当画面最亮处与画面最暗处亮度值相等时，画面中不再存在反差，此时的调制度为 0。

（6）相对照度

相对照度（relative illumination）衡量的是画面不同区域的亮度反差，即画面边缘亮度与中心亮度的比值。直接影响照度大小的参数为 Sensor 表面入射于像面的光线入射角大小，二者之间满足 $RI=N\cdot\cos^4(\text{semi-FOV})$ 的关系，其中 RI 为相对照度，N 为整数倍，semi-FOV 为 Sensor 表面入射于像面的入射角。

（7）景深

景深（depth of field）是指以对焦点为原点，在原点之前及之后划定一部分范围，使这部分范围内的景物能够在像平面上清晰成像，所划定空间范围的深度即为景深。

接下来对景深的计算方式以及其影响因素进行分析。

以对焦点所在的平面为对准平面，可清晰成像空间的后端最远平面为远景平面，该平面与对准平面之间的距离为后景深 ΔL_1；可清晰成像范围的前端最近平面为近景平面，其与对准平面的距离为前景深 ΔL_2，前景深与后景深之和为镜头景深，具体如图 2-5 所示。

前景深：$\Delta L_1=F\delta L^2/(f^2+F\delta L)$

后景深：$\Delta L_2=F\delta L^2/(f^2-F\delta L)$

景深：$\Delta L=\Delta L_1+\Delta L_2=2f^2F\delta L^2/(f^4-F^2\delta^2L^2)$

式中，δ 为容许弥散圆直径；f 为镜头焦距；F 为镜头的拍摄光圈值；L 为对焦距离；ΔL_1 为前景深；ΔL_2 为后景深；ΔL 为景深。

通过观察景深计算公式，可以发现影响景深的因素包括镜头使用的 f 焦距、*F.No*、拍摄距离以及图像质量的要求（光线汇聚至焦点处形成的清晰成像范围大小，即容许弥散圆大小），以下是这些因素对景深的具体影响：

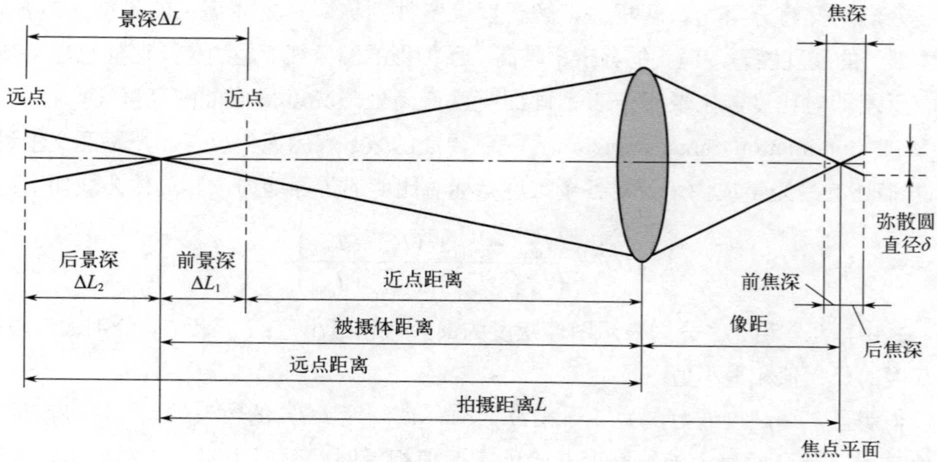

图 2-5 景深的计算方式

① 镜头光圈：镜头光圈大小与景深大小呈负相关。

② 镜头焦距：镜头焦距与景深大小呈负相关。

③ 拍摄距离：拍摄距离与景深大小呈正相关。

（8）靶面大小

靶面大小（max image circle）即感光元器件的对角线数值（单位为 mm），其具体示意图如图 2-6 所示。

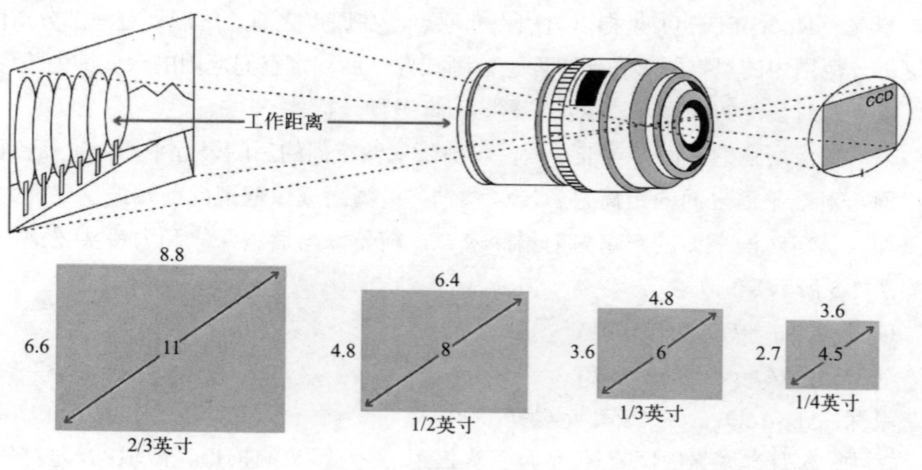

图 2-6 靶面大小示意图

（9）镜头接口

常见的镜头接口（mount）包括 C 接口、CS 接口、F 接口、M 接口和 S 接口，其中 C 接口和 CS 接口为国际通用标准接口，前者多应用于工业镜头中，后者则主要用于监控行业。F 接口最早由尼康（Nikon）品牌开发，专门用于其 35mm 式相机，当前，一些靶面较大的相机和线扫描相机也常使用该接口，此接口的主要优势在于安装拆卸难度小，简单便捷。M 接口常常与 F 接口一起使用在一些大靶面相机上，包括多种子类别，其中 S 接口就是其子类别中应用较广的一种。

2.3 工业光源的类型与选型技巧

2.3.1 影响光源选择的因素

在机器视觉系统中，照明系统起到的作用非常关键，图像质量及系统性能都与光源密切相关，优秀的打光设计可以提升系统分辨率，同时降低软件运算的复杂度。总体来说，光源的作用体现在以下几个方面：

① 凸显测量特征，使图像处理算法变得更加简明。

② 抵御环境光造成的干扰，抑制图像噪声，提升图像的稳定性。

③ 促进视觉系统的高精度定位、测量、识别和高速运行。

④ 简化设计，在精度、效率方面对系统产生积极影响。

光源受到多种因素的影响，下面将针对几种主要因素进行分析。

（1）光源亮度

亮度对于光源而言非常重要，是选择光源时的重要参考指标。光源亮度不足会导致以下问题：

① 相机信噪比达不到要求。

② 图像对比度不足，受此影响会更大概率出现噪声。

③ 为增加亮度采用更大的光圈，会造成景深缩小，系统受自然光影响的程度会加深。

（2）光源的鲁棒性

通过观察光源受部件位置的影响来检测光源的鲁棒性。在理想情况下，光源在摄像头视野内的位置不会影响结果图像。通常不建议选择方向性强的光源，因为当遇到高亮区域时，这类光源很容易出现镜面反射的情况，对之后进行的特征提取产生消极影响。评价光源质量的一条重要标准，是光源能否将实验室效果保持到工作场景中。

（3）光源的可预测性

光源的运动轨迹是可以预测的。当光源经过一个平面时，会出现吸收、反射、透射三种情况，其中反射是光被部分吸收产生的结果，透射则意味着光完全未被吸收。当发生反射时，入射光和反射光的角度是相同的。

（4）光源的位置

为了区分目标特征与其周围的环境，需使两者在接收光源后呈现出不同的反射状况。光源位置与其在物体表面的反射方式有关。

除上述因素会影响光源的表现外，被观察对象的一些因素也可能影响光源的表现。比如，光源与被观察对象的距离、被观察对象的材质等均会使得同样的光源呈现出不同的效果。此外，对于机器视觉系统而言，作为被观察对象的图像特征与非观察对象的图像特征之间要有较高的区分度，为此需最大限度地提高两类特征间的对比度，这项工作由机器视觉应用照明来完成。

2.3.2 工业光源的照明设计

不同光源有着不同的工作原理和特性，据此可将光源分为无影光源、点光源、线光源、组合光源、结构光源等。

光源的颜色为可见光范围内的各种颜色，包括红、蓝、绿、白，其中白光为复合光。此外，光源也会较多地选用介于可见光和微波之间的红外光，而介于可见光与 X 射线之间的紫外光会对人体造成损害，多数情况下不予采用。

在图像中有需要使用的目标信息，也有目标周围的背景信息，这两部分信息需区分开来，借助成功的光照设计可做好这一点。信息的区分有助于简化图像处理算法，使系统变得精确和可靠。不过，目前还不存在适用于所有场景的机器视觉照明系统，只能根据具体案例设计照明装置。在机器视觉中，照明的适用性非常重要，必须重点关注。

（1）照射方式

入射光角度是机器视觉系统的基本参数，由光源的类型和位置决定。

光有直射和漫射两种基本的照射方式，如图 2-7 所示。

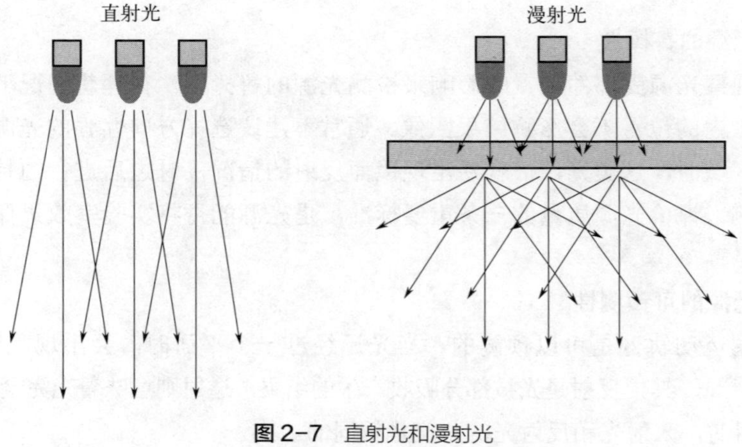

图 2-7　直射光和漫射光

① 直射光：入射光的来源大致为单方向，照射的角度比较小，会产生阴影。

② 漫射光：入射光的来源为多方向乃至全方向，照射产生的阴影并不明显。

（2）反射方式

物体的反射主要有镜面反射和漫反射两种方式，如图 2-8 所示。

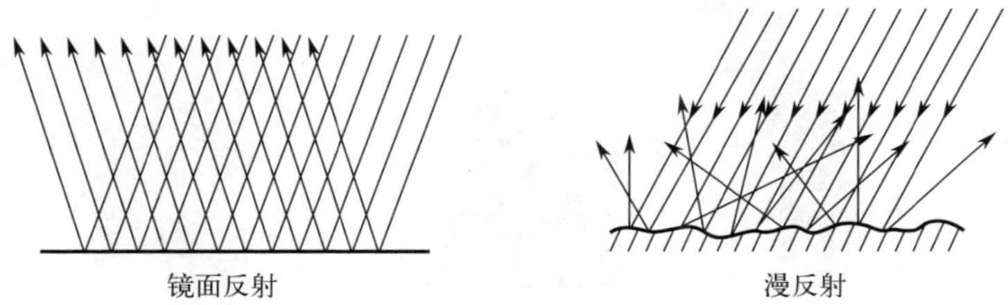

图 2-8 镜面反射和漫反射

① 镜面反射：光线照射到物体后，入射角与反射角相等。镜面反射具备较强的实用性，但是要注意这种反射有时会非常刺眼，为确保安全，很多时候不可采用镜面反射。

② 漫反射：光线入射物体后，反射光线并没有特定的角度，而是朝多个方向散开。现实状态下，漫散光的形成与入射光角度有关，并且光线将处于一定的角度范围内。

（3）颜色

在整个光谱中，人眼能够观察到一定波长范围内的电磁辐射，这些辐射就是可见光。通常情况下，可见光的波长范围为 400 ～ 760nm。部分人能观测到更大的范围，为 380 ～ 780nm，该范围的两端分别为紫色和红色对应的波长。

色环的作用是排定光谱中各可见光的顺序，最终将两端的红、紫两色连在一起，如图 2-9 所示。机器视觉所用的色环一般有 6 种颜色，根据色温分成暖色和冷色，两者分别出自红色和蓝色。在照射时可利用光线的色温特性达到不同效果，若想最大限度地提升图像对比度，则所选用的光线应与目标物色温相反，如果目的是滤除图像上的杂质，那么所选用的光线应与目标物色温相同。

（4）明视场和暗视场

明视场为直射光照明，光线从正面射出；暗视场则为背光照明，光线的照射角度比较低，背景亮度低而检测对象亮度高，应根据实际检测需求在两种照明方案中做出选择。总体来说，明视场的使用频次更高。

2.3.3 LED 光源的特点与类型

LED 是当前机器视觉光源的主要选择之一，它的形状可以灵活调节，有多种颜色可供选择，并且在耐久性、响应速度、单色性、性价比等多个方面具备优势。

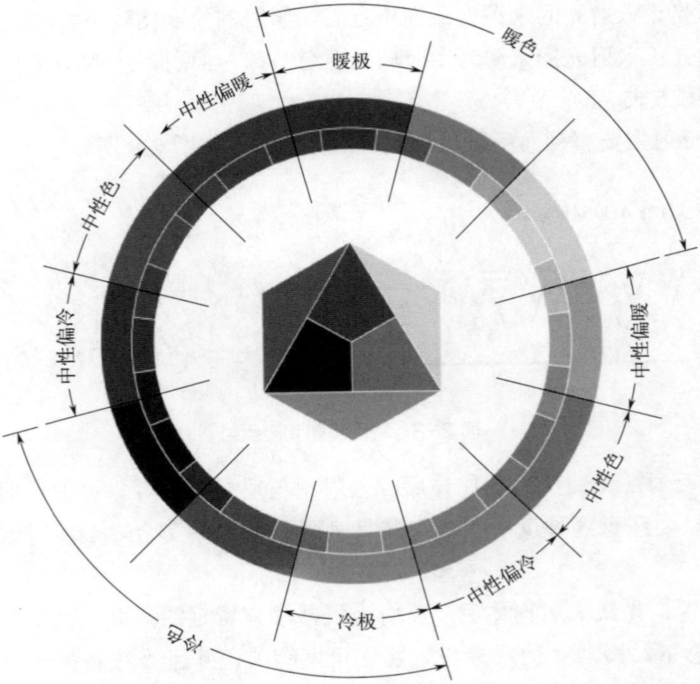

图 2-9　色环

(1) LED 光源的主要特点

LED 光源的主要特点如图 2-10 所示。

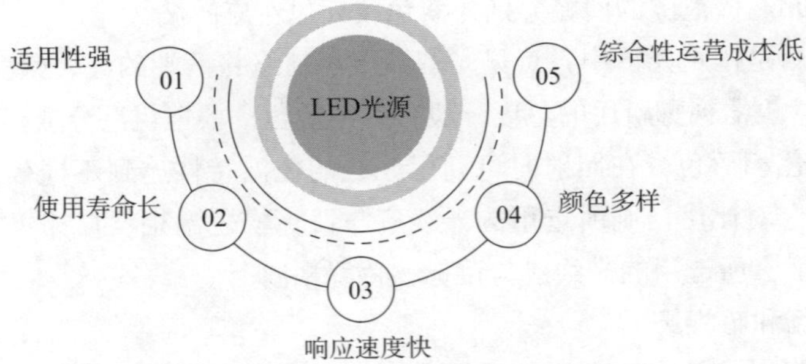

图 2-10　LED 光源的主要特点

① 适用性强。LED 光源包含多个 LED，所以其形状和尺寸可根据实际需要进行调节，具备更强的适用性。

② 使用寿命长。照明系统的图像输入稳定对于图像处理单元来说非常重要，有助于提升测量结果的精度和重复性，这要求照明系统具备较长的使用寿命。LED 光源的原始亮度能够保持 1 万～ 3 万 h，即使亮度出现衰减后，其效果在各种类型的光

源中也明显是更好的。另外，还可以通过控制系统进一步延长 LED 光源的寿命，使 LED 光源进入间歇工作状态，从而减少发光管发热。

③ 响应速度快。光源需要具备较快的响应速度，以在规定时间内完成多光源间或同光源各区域间的工作切换。LED 光源能够在极短的时间内做出响应，供电后 10s 其照度就可达到最大值。

④ 颜色多样。光源的形状和颜色都是图像输入稳定的重要决定因素，怎样从光源颜色入手使图像的对比度达到最佳效果，是光源开发领域的重要课题。

⑤ 综合性运营成本低。有些光源的购买价格比 LED 光源低，但是这些光源有耗电量大、质量缺乏保障、使用寿命短等缺陷，后续需要付出大量的更换、维修费用，综合性运营成本居高不下。与这些光源相比，品质稳定、使用寿命长的 LED 光源显然具有更高的综合性价比。

（2）LED 光源的类型

LED 光源有多种形状，每种形状的光源具备不同的特点，下面将对此进行介绍。

① 环形光源。环形 LED 光源如图 2-11 所示。其优点主要体现在以下几方面：能够从多个角度进行照射，产生多种颜色组合，反映物体的三维信息；可用来制作较高密度的 LED 阵列，在亮度方面有着出色的表现；结构紧凑，空间利用率高；不会出现对角照射产生的阴影；可以另外安装漫射板，以取得更好的导光效果。

② 背光源。LED 背光源如图 2-12 所示。其采用背光照明的方式，需用到的设备为高密度 LED 阵列面，照明强度高，多用于凸显物体轮廓。

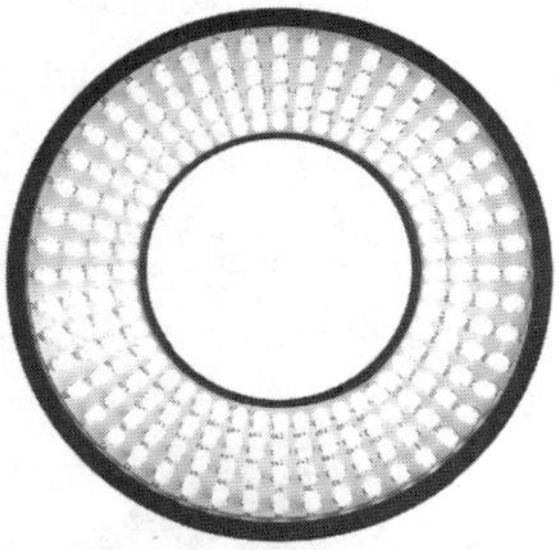

图 2-11 环形 LED 光源示例

图 2-12 LED 背光源示例

③ 条形光源。条形 LED 光源如图 2-13 所示。其多用于大尺寸方形物体的测量，颜色、照射角度、安装方式等可结合实际情况进行选择。

④ AOI 专业光源。AOI 专业光源如图 2-14 所示。其采用三色光照明的方式，涵盖多个角度，可用于突出锡焊的三维信息。

⑤ 球积分光源。球积分光源如图 2-15 所示。其是从空心的半球体中发出的光源，特点在于光线照射非常均匀。

图 2-13 条形 LED 光源示例

图 2-14 AOI 专业光源示例

图 2-15 球积分光源示例

⑥ 线性光源。线性 LED 光源通过柱面透镜达到汇聚光线的效果，是流水线检测的常用光源，如图 2-16 所示。

⑦ 同轴光源。同轴光源如图 2-17 所示。其能够解决物体表面凹凸不平导致的阴影问题，可通过分光镜设计降低光在传播过程中的损失，使成像变得更加清晰，确保照射均匀。

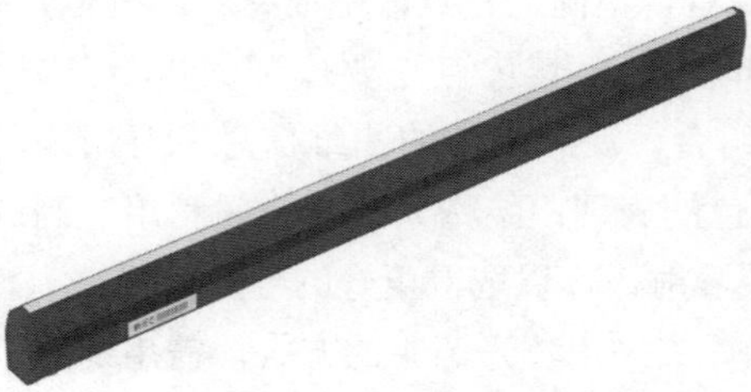

图 2-16 线性 LED 光源示例

图 2-17 同轴光源示例

⑧ 点光源。LED 点光源如图 2-18 所示。其采用功率较大的 LED，小巧易携带，在发光强度方面表现突出；能够发挥卤素灯的作用，可用作镜头同轴光源，通过为光源散热从而延长其使用寿命。

⑨ 组合条形光。组合条形光如图 2-19 所示。其整体呈正方形结构，由可独立控制的四条边组成，照明角度可变换，可用于多种物体的照明。

图 2-18 LED 点光源示例

图 2-19 组合条形光示例

⑩ 对位光源。对位光源如图 2-20 所示。在速度、视场、精度、亮度等方面表现出色，能够为集成检测提供有利条件，可以与环形光源搭配使用。

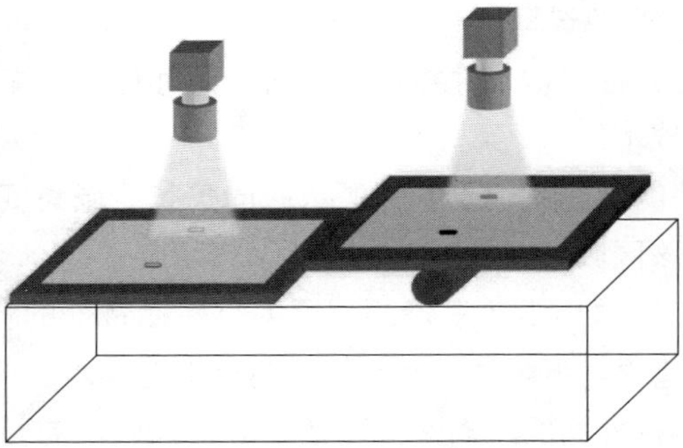

图 2-20　对位光源示例

2.3.4　光源的选型技巧与要点

（1）条光选型

① 条光照射须具备足够的宽度，超过检测距离，这样做的目的是防止照射距离过远或过近，距离过远亮度会下降，距离过近则照射面积会缩小。

② 条光长度只需满足照亮目标位置这一条件，过长的条光会产生较高的成本，并且安装难度较大。条光长度的选择需参考光源安装高度，高度更高的光源需要更长的条光，以保持图像亮度均匀，避免出现两侧亮度远小于中间的情况。

③ 高反光物体的照明建议使用漫射板，如果物体不反光，则在照明时可不使用漫射板，以达到提升照明亮度的效果。

（2）环光选型

① 掌握光源安装距离，在光源角度上做出选择。在光源安装尺寸较大时采用小角度光源，在光源安装高度较高时采用大直径光源。

② 如果照明目标面积较小，同时目标的主要特征位于其表面的中间位置，则小尺寸 0 角度光源是较为合理的方案，也可以采用其他角度较小的光源。

③ 当目标的主要特征位于边缘位置时，建议采用 90°角的环形光源，也可以采用其他尺寸和角度较大的环光。

④ 如果照明的目的是检测目标物体表面的划伤，则 90°角环形光源为合理的选择，同时光源的波长应当尽可能短。

（3）条形组合光选型

① 条形组合光选型不必严格依照资料给出的型号，可根据目标的形状、尺寸选定最适合该目标的条形光源组合。

② 光源安装高度是条形组合光选型的重要参考因素，另外，光源组合要与被测特征点四条边的尺寸相匹配。

（4）背光源 / 平行光源选型

① 背光源尺寸与目标物体尺寸相匹配即可，尺寸过大的光源并不会提升实际效果，还会产生更高的成本。

② 受到外壳遮挡的影响，位于背光源边缘的条状区域亮度较低，所以在选择光源时需要让目标避开该区域。

③ 波长短的背光源适用于轮廓检测，因为具备此特征的背光源衍射性比较弱，图像边缘出现重影的概率较低，能够起到提升对比度的作用。

④ 调节背光源与目标间的距离，实现效果的最大化，需要注意距离与效果之间并不存在严格的正相关或负相关的关系，最合适的距离需通过实践来确定。

⑤ 在液位检测场景下，可将背光源的摆放方式从常规的直立改为侧立。

⑥ 面对圆轴或螺旋状的目标，平行背光源是更为合理的选择。

（5）同轴光选型

① 光源的发光面积是同轴光选型时主要考虑的因素，发光面积的选择需参考目标的实际尺寸。

② 同轴光需经过 45° 半反半透镜，光源各部位的亮度受到与灯板间距离的影响，距灯板较远的部位亮度较低，因此为了保持光线左右均匀，同轴光发光面积应大于目标的尺寸，具体以目标尺寸的 1.5 倍至 2 倍为宜。

③ 同轴光的安装位置高出目标越多，保持光线均匀性所需的发光面积就越大，因此要注意同轴光的安装高度不要太高。

（6）平行同轴光选型

① 平行同轴光在光路设计方面具有特色，可用来检测目标物体表面的划痕。

② 平行同轴光与同轴光在特点上存在差异，无法作为后者的替代选项。

③ 在使用平行同轴光检测划痕时，最好选用波长较短的光源。

（7）其他光源选型要领

① 根据特征点面积确定光源尺寸。

② 根据目标特性确定光源类型。

③ 根据目标材质确定光源颜色。

④ 在考虑安装空间及障碍因素的基础上选择光源。

第 3 章

基于主动学习的图像分类

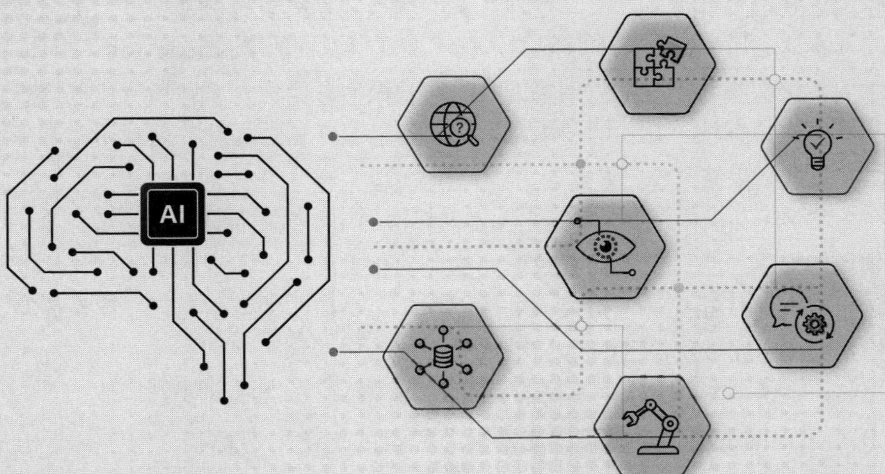

3.1 主动学习图像分类的基础知识

3.1.1 主动学习的概念与框架

图像分类是计算机机器视觉的关键功能之一，图像分类的本质在于从图像中精准地获取特征信息并设计能够对特征进行分类处理的分类器。随着深度学习技术（deep learning，DL）在计算机视觉领域的应用不断深入，以卷积神经网络（convolutional neural networks，CNN）为基础的图像特征提取技术取得了显著成果。通过将更复杂和抽象的特征看作简单特征的组合集，卷积神经网络进一步提高了图像分类的精确性与适应性。

作为以样本数据的内在规律和表示层次作为主要学习内容的智能算法，深度学习通过深度网络层级参数的迭代实现模型的训练与提高，从而提升运算精度。在图像分类领域应用较多的深度网络有 GoogLeNet、VGGNet、AlexNet 等。但在实际应用中，为了保证分类器的精确性与可靠性，往往采用来源可靠、精确度高的已标注数据作为模型训练的材料，在一些专业要求较高的领域如医学图像、遥感图像等领域尤为如此，而这一过程要耗费大量的时间与精力，模型训练与升级的成本较高。

主动学习（active learning，AL）则通过内部的优化性能算法有效地解决了深度学习模型优化的标注成本问题。作为典型的监督式机器学习模型，主动学习能够提高标注样本的利用率，在样本有限的情况下实现模型性能增益的最大化。具体而言，主动学习能够实现对未标注数据集的利用，遵循信息量优先原则自行选取信息含量高的样本并完成标注，在性能要求相对固定的情况下通过提升数据利用率来降低对数据量与运算、存储资源的需求。

在主动学习环境中，Oracle 是主动学习算法中用于数据标注的信息源，既可以是某一领域的专家，也可以是拥有数据库的自动化系统。样本选择策略使算法能够自动筛选出对模型性能提升增益最大的数据样本。当前，主动学习已在图像分割、分类与检索等多个领域获得了广泛应用。

当前，主动学习的方法主要包括如图 3-1 所示的三种基本框架。

① 基于池的主动学习框架：这是最为经典的主动学习框架。为了最大限度地发挥查询的效用，学习器需要从未标注的样本池中选择最有价值的样本进行标注和分析。

② 基于流的主动学习框架：该学习框架适用于实时数据处理和在线学习等场景。学习器同样需要选择最有价值的样本进行标注和分析，不同之处在于样本以流的形式输入。

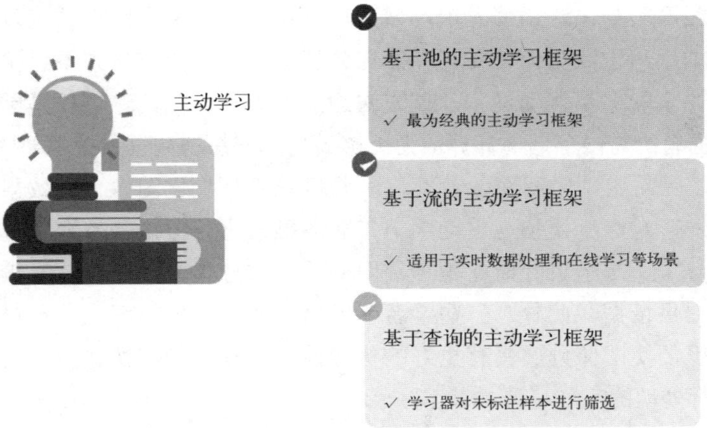

图 3-1 主动学习的基本框架

③ 基于查询的主动学习框架：与上述两种学习框架不同，该学习框架中学习器对未标注样本进行筛选，并获取外界提供的标注信息，以保证模型性能的最大化。

3.1.2 主动学习图像分类方法

当前，基于池的主动学习框架与图像分类任务的适配度更高。基于池的主动学习的基本框架如图 3-2 所示。该框架的优势在于具有更高的数据处理效率，通过对数据集进行处理，选出模型性能增益最大的数据进行标注，从而降低数据标注成本。此外，这一框架适用于数据集规模与标注数据数量悬殊的情况，即标注数据量远小于数据集内的数据量，因此能够满足大多数图像分类技术场景的要求。与之相比，基于成员查询的主动学习算法采取数据逐个标注的方式，在面对大基数的数据集时则会出现效率过低、标注成本过高等问题。

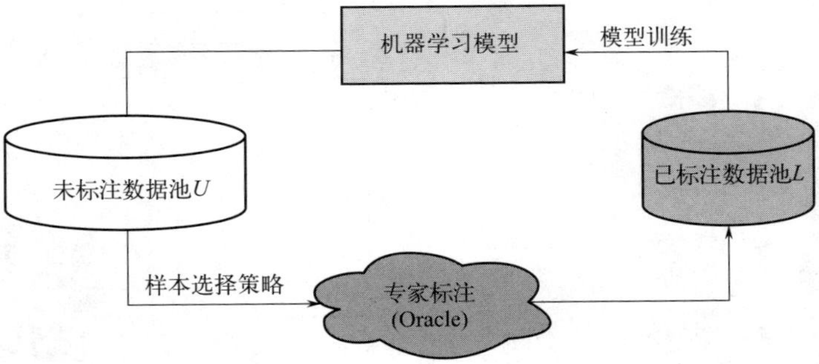

图 3-2 基于池的主动学习基本框架

基于流的选择性采样在进行数据处理时，通过快速数据节点执行“查询”或“丢弃”的判断来进行数据分类，从而实现快速标注。但需要注意的是，此种方式与图像分类的匹配度不高，这是因为该场景下数据点以独立图像的形式呈现，图像的分类和标注成本远高于数据。因此，在图像分类场景下，该方法并不经济。而对于一些有实时性要求的小型移动设备，该方法却能够大显身手，这主要是因为此类小型移动设备所拥有的有限存储与计算能力能够满足此方法的数据点处理要求。

近年来，针对主动学习图像分类，一些研究者从优化图像分类效果、降低图像分类成本出发，对深度模型与主动学习策略的融合进行尝试，较为常见的分类策略包括基于核心集、基于贝叶斯卷积神经网络的图像分类策略等，这些策略通过模型为样本选择提供依据。此外，一些学者还提出了通过强化学习来实现对主动学习过程的优化，以便使图像分类具有更好的鲁棒性，使模型能够快速融入对不同数据分布和任务进行处理的工作场景中。

还有一些研究者则使用生成对抗网络对主动学习的能力进行强化，以使图像分类具备更强的规律总结能力和抗干扰能力，典型的策略有基于条件生成对抗网络等，其本质上是通过生成器进行样本提供，通过判别器按照信息量最大或多样性原则进行待标注样本的筛选。

当前，一些研究者以数据分布情况为关注重心，对数据不平衡问题影响主动学习的链路、方式和程度进行了研究，以进一步提升图像分类的抗干扰能力，如利用类平衡因素保证分类的均衡性。

3.1.3 图像数据预处理的方法

主动学习图像分类方法利用样本选择策略实现了对未标注数据集的自主筛选，能够选出对模型性能增益最大的样本数据，实现对已标注训练数据集的维护。这一过程是通过抽样迭代训练来完成的，其具体算法流程如图 3-3 所示。

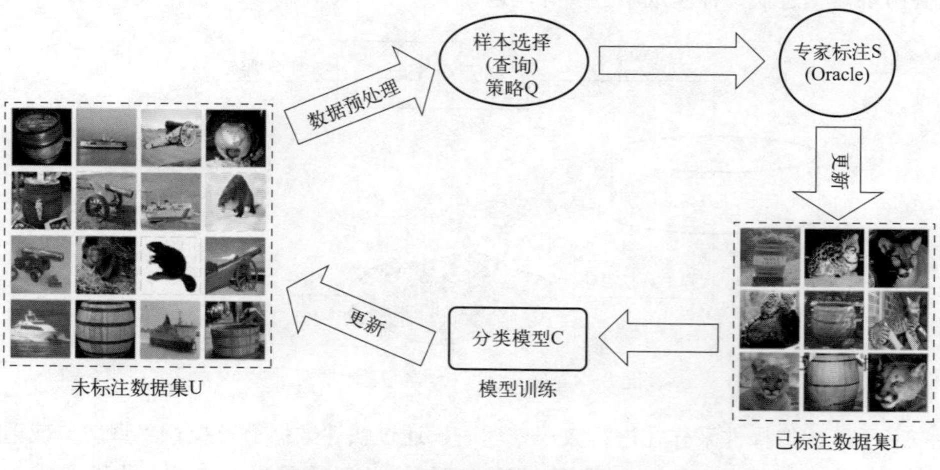

图 3-3　主动学习图像分类算法流程

对数据进行预处理能够进一步提高模型的抗干扰能力和规律总结能力，让模型具有更强的适应性，能够满足不同数据的要求，本节将主动学习图像分类的数据预处理模式分为以下两类。

其一，对数据集的量级和数据集模式进行扩增，使经过样本查询函数选择出的少量标注图像数据包含更多的语义信息。在研究初期，数据增强主要采取旋转、平移、缩放等几何方法实现，但此类方法仅能满足一些较简单图像数据的预处理要求，无法在复杂的应用场景下保持良好的效果。当前，基于深度学习的方法已成为数据增强的首选，如使用无监督学习算法中的生成网络和变分自编码器解决样本的数据扩充以及合成问题。这些将在后续章节中展开详细介绍。

其二，通过数据集优化提高模型对数据分布情况的适应性，从而提升样本选择策略的判断准确度，筛选出最优样本，常见的方法有样本难度评估和样本平衡处理。

数据集并非在所有场景下都能够保持均衡分布，在某些时候部分样本的价值和处理难度相较于数据集内其他样本更为突出。因此，样本难度评估能够进一步提高数据集内高价值样本的浓度，增强模型面对陌生数据的表现能力。传统的样本难度评估方法主要通过样本的统计信息和特征分布实现，如欧式距离，就是通过测量手段比较样本之间的相似程度，以便进行样本选择或加权。

随着深度学习和主动学习等技术发展水平的不断提升，当前的样本难度评估主要通过检测模型输出的置信度、熵和梯度实现，此外通过能够模拟样本集数据分布的生成模型也能够进行样本难度评估。另外，在样本平衡处理方面，学者们采用了基于生成对抗网络的样本生成方法和基于辅助任务的样本增强方法，提高数据集各类别之间数量和质量分布的均衡性，这些方法相较于传统的欠采样和过采样方法精确度更高、效果更好。

3.1.4 样本的选择策略与设计

综上所述，深度学习与主动学习的本质区别在于前者对模型的优化是通过大量已标注数据实现的，成本较高，而后者则通过样本选择策略的设计代替对高精度数据的需求，实现模型直接从样本数据集中筛选并查询最优样本的目的。因此，对于主动学习而言，其学习能力是由样本选择策略决定的，有关此方面的研究也比较丰富，典型的策略有基于不确定性的方法、基于代表性的方法和基于多样性的方法等。

（1）基于不确定性的方法

该方法以模型预测的概率分布或分类边界等指标为依据，在样本集中定位不确定性最高的样本，将其聚集后作为新的训练数据集。

（2）基于代表性的方法

该方法将样本分布和特征分布作为核心指标，筛选出涵盖未标注数据关键分布特征的样本，用于新一轮的模型训练。

（3）基于多样性的方法

该方法主要关注样本集中不同样本的差异，在进行选择时会优先选择与已标注样本相似度最低的数据。

由于基于不确定性的抽样方法在进行概率分布预测或分类边界预测时往往会出现选择偏离，因此样本对未标记数据集的代表性难以保证。此外，仅将样本多样性作为筛选原则而不断选取差异化样本的方法可能会提高标注难度。因此，很多研究者探索了混合选择策略。

另外，深度模型在最近几年也在样本选择中获得了较多应用，这种深度模型往往以分类模型或生成模型作为本体，在优化样本选择策略方面起到了重要作用。

例如，将深度卷积神经网络用于样本的不确定性、差异性和特征代表性指标的筛选，从而定位到对模型性能增益最大的样本；或是将主动学习的样本选择策略融入生成模型，可以实现按照样本要求利用数据集内的数据合成满足模型训练条件的样本；或者是进一步对已有样本进行浓缩提炼，剔除信息密度低的部分，从而进一步提升标注有效性，保证模型性能增益最大化。借助深度模型的强大呈现能力，样本选择策略将具有更强的适应性和准确性，从而满足不同场景下的应用需求。

此外，在主动学习图像分类中，样本选择策略的确定受多种因素的影响，包括任务性质、分类器工作能力、标注资源耗费情况等。例如，对于量级较大的数据集，可以选择不确定性采样将标注成本控制在最低水平，为分类器争取更多的资源空间；对于内部构成复杂的数据集，则可以选择多样性策略提高样本的内部差异化程度，以扩大模型训练过程中的数据接触范围等。结合任务实际与分类器能力灵活地选取样本选择策略，在主动学习图像分类中具有重要意义。

3.2 基于模型驱动的图像分类算法

3.2.1 基于深度学习的模型

主动学习图像分类算法融合了主动学习方法和图像分类技术，能够通过分析处理已标注数据的方式，获取高性能分类器，并利用该分类器实现对模型信息的获取和利用途径以及模型结构的优化升级，从而提高模型预测结果的可靠程度。

具体来说，主动学习图像分类算法可以与深度学习相融合，借助其强大的学习能力来增强自身算法性能；也可以与深度模型相融合，借助其在输出方面的差异进行标记数据选择，或充分发挥卷积神经网络（convolutional neural networks，CNN）的作用，通过更高层次的计算和分析打造高阶特征表示；还可以与对抗网络协同作用，对算法结构进行优化调整，增强样本选择策略的可靠性；也能将强化学习策略融入其中，对分类器进行动态训练和优化，以便针对具体任务环境对样本选择策略进行进一步优化；最后还可以充分发挥视觉 Transformer 结构的作用，进一步提升模型的预测性能。

在高维数据处理和自动特征提取方面，深度学习算法展现出了十分强大的学习能力；在降低标注成本方面，主动学习算法展示出了巨大的潜力。因此，相关研究人员将深度学习和主动学习进行融合，充分发挥二者的优势，挖掘这两项算法的发展潜力，并探索出了能够有效提升机器学习模型的性能和准确性的 DeepAL 方法。

在 DeepAL 图像分类算法中，深度学习模型可以利用已标注的数据集进行初始训练或预训练，未标注数据池可以从深度学习模型中获取样本数据，从而更新数据集。不仅如此，DeepAL 算法还可以从选择策略出发，完成样本选择任务，并进行专家标注，打造出新的已标注训练集，在更新的同时为深度学习提供训练模型，为未标注数据池更新数据集提供支持。在以上各项操作不断重复的过程中，标签预算将会逐渐耗尽，或达到预定义的终止条件。

具体来说，DeepAL 图像分类算法结构如图 3-4 所示。DeepAL 结构主要由两部分构成，其中，一部分指的是在未标注数据池中运用基于主动学习的样本选择策略；另一部分指的是利用深度学习模型进行训练。

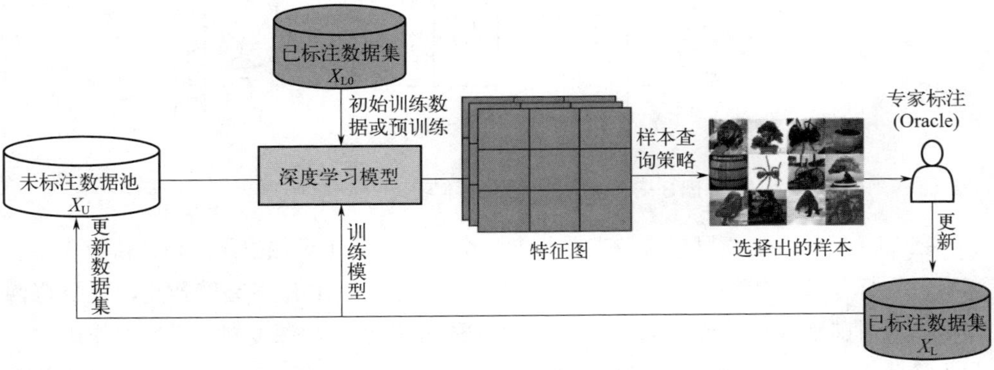

图 3-4 DeepAL 图像分类算法结构

在处理通道方面，主动学习算法与深度学习算法并不相同。一般来说，基于主动学习的图像分类大多利用基于固定特征表示的查询策略来对分类器进行训练；而深度学习算法不仅对分类器进行训练，还会对特征学习进行优化。由此可见，在主动学习与深度学习相融合的情况下，若研究人员仅将二者作为两个独立的问题分别进行处理，则可能会造成歧义。

在主动学习领域，具有成本效益的主动学习（cost-effective active learning，CEAL）

算法将主动学习算法和深度学习算法相结合，能够综合运用这两种算法处理深度图像分类工作。具体来说，CEAL 算法可以对少量不确定性样本进行专家标注，利用 CNN 为大量高置信度样本自动分配伪标签，以便减少在标注成本方面的支出，而不确定性样本和高置信度样本也可以用于对 CNN 进行微调。

在学习模式方面，深度模型和浅层模型之间存在一定差异，具体来说，深度模型主要包含特征提取和任务学习两个阶段，难以应用传统的基于不确定性的选择策略模型，且受这两个阶段的不确定性信息的影响，深度模型也无法充分保证对样本预测不确定性的评估的准确性。

为了解决以上问题，相关研究人员开发出了学习损失（learning loss for active learning，LLAL）框架。LLAL 框架将深度模型中的各个隐藏层的特征看作多视图数据，充分考虑目标模型的各个网络层的不确定性，从而提高不确定性评估的准确性。具体来说，用于主动学习的学习损失预测模块如图 3-5 所示。

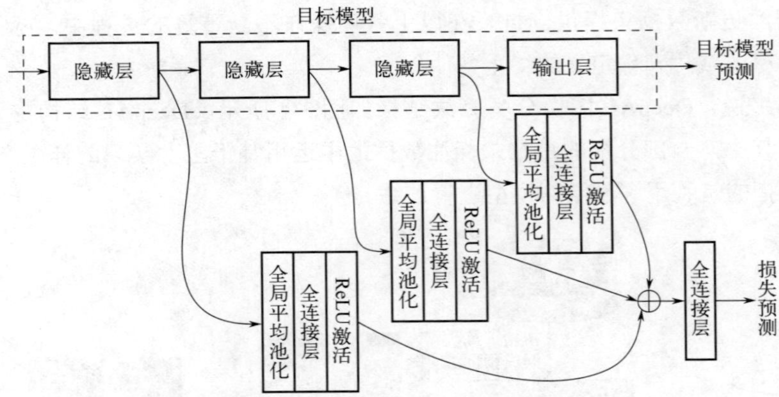

图 3-5 用于主动学习的学习损失预测模块

在 LLAL 框架中，目标模型主要包含 3 个隐藏层和 1 个输出层，LLAL 模块可以实现对无标注数据集的目标损失的预测，并充分发挥 TOP-K 策略的作用，选择查询样本。就目前来看，LLAL 方法已经可以在任务范围较广的深度网络中发挥作用。

除此之外，相关研究人员还充分利用深度模型在不同阶段的信息，并在此基础上开发出一种新的 DeepAL 方法。该方法可以测量模型在各个时间段的输出，明确不同时间、不同优化步骤之间的输出差异，并在此基础上实现对样本损失的估计，也就是说，若差异较大，样本损失则较高；若差异较小，样本损失则较低。具体来说，基于 TOD 的单次迭代步骤如图 3-6 所示。

在迭代过程中，训练模型会针对各个样本的损失向后传播误差，且高损失样本会更新训练模型的参数。若真实标注样本出现不可用的情况，那么 TOD 将会对只依靠训练模型的样本的潜在损失进行测量，以便减少累积样本损失。

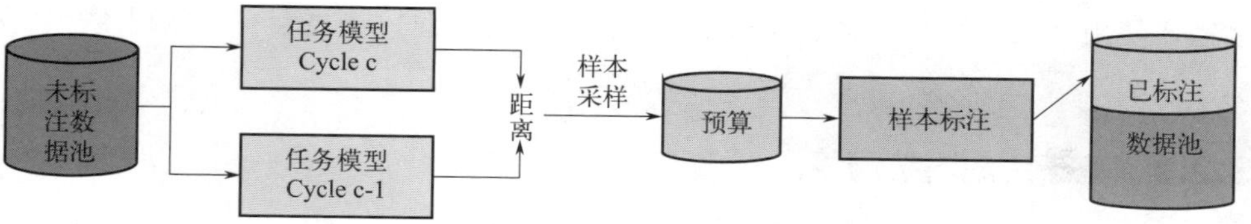

图 3-6 基于 TOD 的单次迭代步骤

不仅如此，为了充分保证训练数据的质量，相关研究人员还需对大型数据集中的数据进行分析筛选。从实际操作上来看，相关研究人员需要基于 GCN 来获取高阶特征表示，并在此基础上进一步提取用于主动学习的顺序图卷积网络（sequential graph convolutional networks，SGCN）。具体来说，用于主动学习的顺序图卷积网络（SGCN）的基本架构如图 3-7 所示。

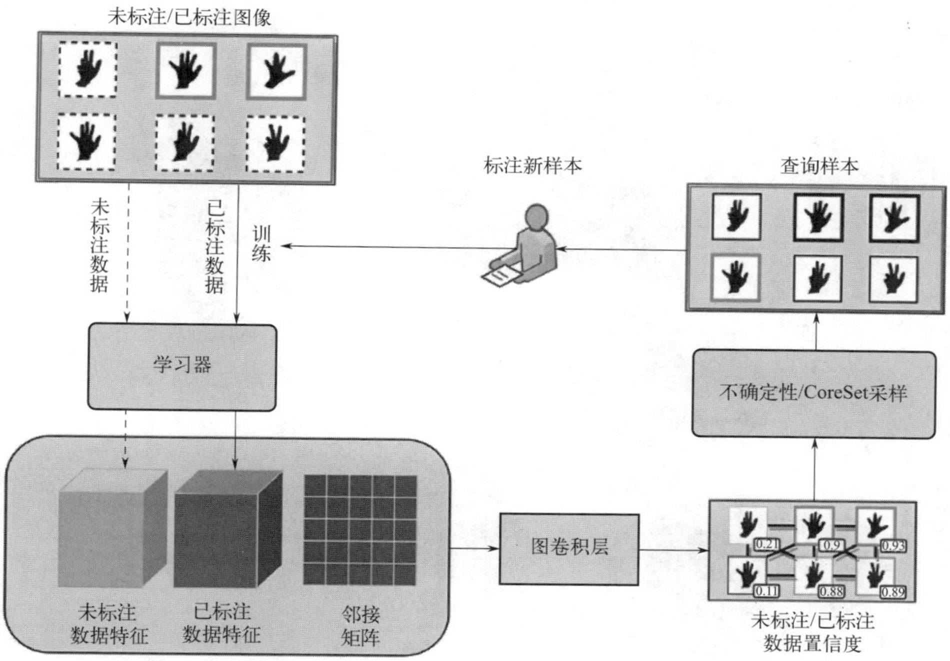

图 3-7 用于主动学习的顺序图卷积网络（SGCN）的基本架构

在 SGCN 的基本架构中，图卷积神经网络（graph convolutional networks，GCN）的节点对应数据池中的图像样本，每个节点的特征向量表示该图像的嵌入特征；边则通过度量节点特征之间的相似性来构建，用于编码样本间的关联关系。UncertainGCN 算法可以利用 GCN 模型来预测未标注节点，并以置信度为依据，标注出不确定性最高的节点。

当数据集的规模较大时，为了充分学习图像特征之间的相似性，图卷积神经网络需要使用大量计算资源来建立更多图节点，与此同时，这也会在一定程度上增加标注成本。

3.2.2 基于生成对抗网络

就目前来看，生成对抗网络（generative adversarial networks，GAN）已经被应用到数据增强领域中，并在减少标注图像过程的成本支出方面发挥着重要作用。

近年来，相关研究人员不断加强对变分自编码器（variational autoencoder，VAE）学习隐空间的探索和研究，且已经研究出了变分对抗式主动学习（variational adversarial active learning，VAAL）算法。在 VAAL 算法的支持下，GAN 网络可以判断样本属于已标注池还是未标注池，并在此基础上对样本进行选择。

具体来说，基于任务感知的变分对抗性主动学习网络的基本结构如图 3-8 所示。

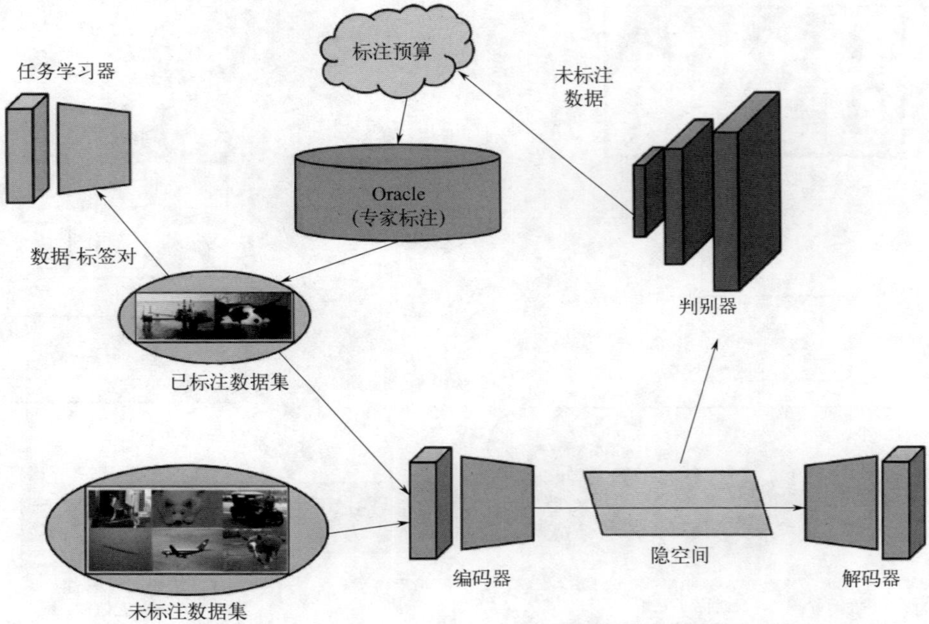

图 3-8　基于任务感知的变分对抗性主动学习网络的基本结构

一般来说，在训练初期，已标注数据池大多较小，难以充分发挥出对抗式训练模型的性能，但同时已标注数据池也可以不断更新。部分研究人员将样本状态信息作为主动学习算法的监督信息，并据此判断样本是否被标注。在未标注数据池中，对目标任务来说，各个样本的重要性各不相同。不仅如此，当未标注样本与标注池中的样本之间的相似度较高时，其被标注的优先级则较低；反之，其被标注的优先级则较高。

相关研究人员充分利用样本的状态信息，并在此基础上研究出了对抗式主动学习模型（state relabeling adversarial active learning，SRAAL），该模型主要包含生成器和状态鉴别器两部分，能够利用生成器对样本进行统一表示，并将语义嵌入整个数据表示当中，也能够利用鉴别器完成在线不确定度指示器的设计工作，并通过该指示器获取各个未标注样本的不确定性得分，进而生成新的状态标签，找出信息量最大的样本。

除此之外，在单一 GAN 算法的基础上，相关研究人员进一步加大研究力度，开发出了可用于深度主动学习的双重对抗网络（dual adversarial network for deep active learning，DAAL）。与此同时，DAAL 算法还应充分考虑不同的样本选择策略，并利用不同的采集函数对不确定性和代表性这两种基本策略进行评估。在主动学习阶段，DAAL 算法可以找出不确定性最高和代表性最强的数据点，并在未标注池中筛选出信息量最大的数据点。

GAN 模型具有计算规模大等特点，在训练过程中需要耗费大量成本。为了解决这一问题，相关研究人员开发了对抗性抽样（adversarial sampling for active learning，ASAL）算法。ASAL 算法可以利用 GAN 生成高熵样本，利用特征提取器和最近邻模型在池中找出相似度较高的真实样本，无须在整个数据集中进行不确定性采样，且具有较低的运行复杂度，能够明显减少在计算方面的成本支出，大幅提高找出相关度最高的真实样本的速度。

GAN 模型与主动学习算法的结合既能够以数据增强的方式解决标注不足问题，也能够充分发挥对抗式学习方法的作用，增强判断样本信息丰富程度的能力。但 GAN 模型也存在许多不足之处，由于 GAN 模型在训练时的稳定性较差，尤其是在主动学习算法迭代初期，难以保证生成器与判别器之间的动态平衡，因此无法确保模型具备良好的分类性能，除此之外，在训练过程中，GAN 所耗费的计算资源和时间成本也比较高。

3.2.3 基于深度强化学习

对深度学习和主动学习进行手工设计通常需要高昂的成本，且这一设计工作对研究人员的经验要求较高。传统的主动学习通常以固定先验为样本选择策略，并在用完全部的标签预算后再开展适用性评估工作，对相关研究人员来说，在这一过程中，难以对样本选择策略进行动态调整。为了对样本选择策略进行动态调整，相关研究人员通常会使用强化学习方法。

启发式主动学习算法可被视为一个强化学习问题，能够基于此进一步开发出强化主动学习（reinforced active learning，RAL）算法。具体来说，RAL 算法充分发挥贝叶斯神经网络的作用，并利用贝叶斯神经网络预测器来整合和处理各项概率信息，以便进一步提高概率分布的全面性，实现对样本选择策略的学习预测。

不仅如此，概率分布情况也会传输到贝叶斯神经网络概率策略网络中，同时贝叶斯神经网络也会在标注过程中接收来源于 Oracle 的反馈，并将这些反馈信息应用到样本选择策略的微调当中，不断增强样本选择策略的性能，进一步进行强化学习。

除此之外，部分研究人员基于深度强化主动学习进一步提取深度卷积神经网络中的图像特征，并将这些图像特征看作强化学习算法的“状态”，同时充分发挥 Q-learning 算法的作用，以训练的方式获取 Q- 网络，并进一步明确 Q- 网络的输出数据标注的必要性。

研究人员还将主动学习建模为马尔可夫决策过程，以 Actor-Critic 架构为基础，对学习算法进行强化，利用深度确定性策略梯度算法对模型进行训练，以便实现对分类器动态训练过程的优化和对主动学习算法的强化。

在确保基础分类器处于不断更新状态的情况下，相关研究人员将基础分类器与激励函数结合，将分类器的后验概率看作置信度，并据此找出所需标注的数据样本，从而增强分类器的性能。对于深度强化主动学习中存在的大规模数据集问题，研究人员将批量主动学习问题看作协作的多代理强化学习问题，并针对这一问题研究出了一种新的批量模式的强化主动学习算法框架。

具体来说，这一算法可以在以图神经网络为基础的情况下实现批量主动学习设置，并通过学习代理同时获得多个样本的标签，同时充分利用值分解法来对组合爆炸问题进行防范。从实际操作上来看，值分解法可以将总的 Q 值分解成单个 Q 值的平均值，这样既能够满足算法在学习代理方面的要求，也能够有效规避多代理机制带来的组合爆炸风险。

总而言之，强化学习能够有效增强主动学习图像分类算法的自主决策能力，从而为主动学习图像分类算法探索标注样本的空间提供更加强大的支撑，挖掘出更加有利于学习任务的样本；学习代理能够在与环境交互的过程中掌握各项学习任务和环境的反馈信息，并根据实际情况对标注样本选择策略进行灵活调整，对分类器的训练过程进行动态优化。

3.2.4 基于 Transformer 结构

Transformer 模型是谷歌推出的一种基于自注意力机制的神经网络模型，在应用初期为自然语言处理提供了一定的支持，随着 Transformer 模型的表示能力逐渐增强，其应用范围进一步扩大，就目前来看，Transformer 模型已经能够在计算机视觉领域发挥作用，不仅如此，在视觉基准模型测试中，Transformer 模型也能够表现出更加强大的性能。

Vision Transformer 是一种基于 Transformer 架构的深度学习模型，能够灵活处理图像分类任务，是许多研究人员的重点关注对象。现阶段，部分研究者已经将 Transformer 应用到主动学习图像分类任务当中。

近年来，相关研究人员不断对 Transformer 架构进行探索和研究，并开发出了一种具有较强的通用性和高效性的主动学习算法（general and efficient active learning，GEAL）。具体来说，GEAL 算法可以充分利用 Transformer 模型的表示能力和可迁移性，在不进行监督和额外训练的情况下通过单次推理获取各个数据集中的数据，进而达到提高样本选择策略的效率的目的，但在提取图像特征环节，GEAL 算法一般只能使用预训练的 Vision Transformer。

相关研究人员以 Vision Transformer 为采样器，在主动学习时提取模型中的信息，并借此对标注样本和非标注样本之间的非局部视觉特征依赖关系进行模拟，以便实现对具有影响力的未标注样本的有效识别。

除此之外，相关研究人员还研究出了一种代理模式主动学习（proxy model active learning，PMAL）算法，进一步提高 Vision Transformer 在主动学习算法中的适应能力。PMAL 算法可以利用未标注数据来对 Vision Transformer 进行预训练，以便增强 Vision Transformer 的数据理解能力；也可以利用代理模型对未标注数据进行分类，以便标注出不确定性最高的样本；还可以利用已标注数据来对 Vision Transformer 进行微调，以便进一步增强 Vision Transformer 对主动学习任务的适应能力。

在处理高度相似的图像时，基于卷积神经网络的主动学习图像分类模型难以充分发挥自身的分类性能。为了解决这一问题，相关研究人员提出了一种具有学习全局特征能力的 Transformer。具体来说，这种 Transformer 能够充分发挥卷积神经网络学习局部特征的优势，提高预测的准确性，并与主动学习算法协同作用，利用更少的初始训练集达到更高的性能水平。

Transformer 可以从图像中精准提取出所需的关键信息和特征，并生成高质量的表示向量，在此基础上充分把握样本之间的特征依赖关系，采集、分析和利用图像中的上下文信息，从而达到增强主动学习图像分类算法性能的目的。不仅如此，Transformer 还具备预训练和微调机制，能够提高各项数据信息的利用率和利用效率，在处理主动学习图像分类任务的过程中充分利用大规模数据信息，进一步增强算法的性能。

3.3 基于数据驱动的模型分类算法

3.3.1 基于图像增广的分类算法

基于主动学习的图像分类技术会根据在模型训练方面的贡献度，在众多样本中做出选择，确定在性能方面表现较为出色的分类器，采用这一方法能够有效控制数据标注产生的成本。当高质量样本选择完毕后，如果标注数据并不十分充足，可以通过处理图像数据最大程度地发挥现有高质量样本的作用，或是创建高质量训练样本，另外还可以基于数据分布信息做出更加灵活的样本选择，对于主动学习图像分类模型而言，以上方法都有助于性能的提升。

在深度学习领域，许多研究者都在关注怎样借助深度模型信息得知样本的实际价值，而在主动学习算法方面，模型结构的优化问题也有较高的热度。过去，主动学习图像分类算法以熵、置信度等信息为依据进行样本的选择，这种策略的优势在于适应性比较强，不过并没有很好地兼顾数据选择和网络训练，对后者未给予充分重视，且在选择样本时有概率出现偏差，这种算法在选择数据时会受到数据分类难度的影响，倾向于选择分类难度较低的数据，而有时分类难度高的数据更为重要。所以，要想获得性能更佳、鲁棒性更高的主动学习方法，需要在数据选择的同时优化模型训练。

当前，主动学习图像分类算法的改进主要从模型驱动和数据驱动两方面入手。模型驱动的算法如前文所述，主要包括深度学习模型、生成对抗网络、深度强化学习、Transformer 结构等。数据驱动的算法则主要包括图像增广、特征差值、数据分布等，每种方法下包括多种具体方法。主动学习图像分类算法的分类如图 3-9 所示。

主动学习图像分类算法使用的标注数据在数量上并不大，但是这些数据包含可观的信息量，算法借助这些标注数据以及大量未标注数据训练模型。下面将介绍基于数据增强的主动学习图像分类算法，这种算法可分为基于图像增广和基于特征差值两类。

下面我们首先简单分析基于图像增广的分类算法。

有时在现实中无法获得充足的标注数据，或是对数据进行标注需要花费很高的成本，在这种情况下可以使用基于图像增广的主动学习图像分类算法，使数量有限的标注数据发挥最大的作用。

在图像增广的作用下，训练样本会发生改变，由此模型可不必过分依赖特定属性，从而具备更强的适应能力和泛化能力。举例来说，通过图像增广技术旋转和裁剪图像，增加物体的所处位置，这样模型对于特定物体位置的依赖性会有所降低。另外，图像增广还可用于调节亮度、色彩等，如图 3-10 所示，其作用是减弱模型对这些因素的敏感度。

不过，传统的图像增广技术存在一定局限性，只能通过少数几种方式来处理图像，而且经过处理后的图像经常在质量方面无法达到要求。针对这些问题，有研究者试图引入生成对抗性网络（generative adversarial net，GAN），以提升训练数据的可靠性。

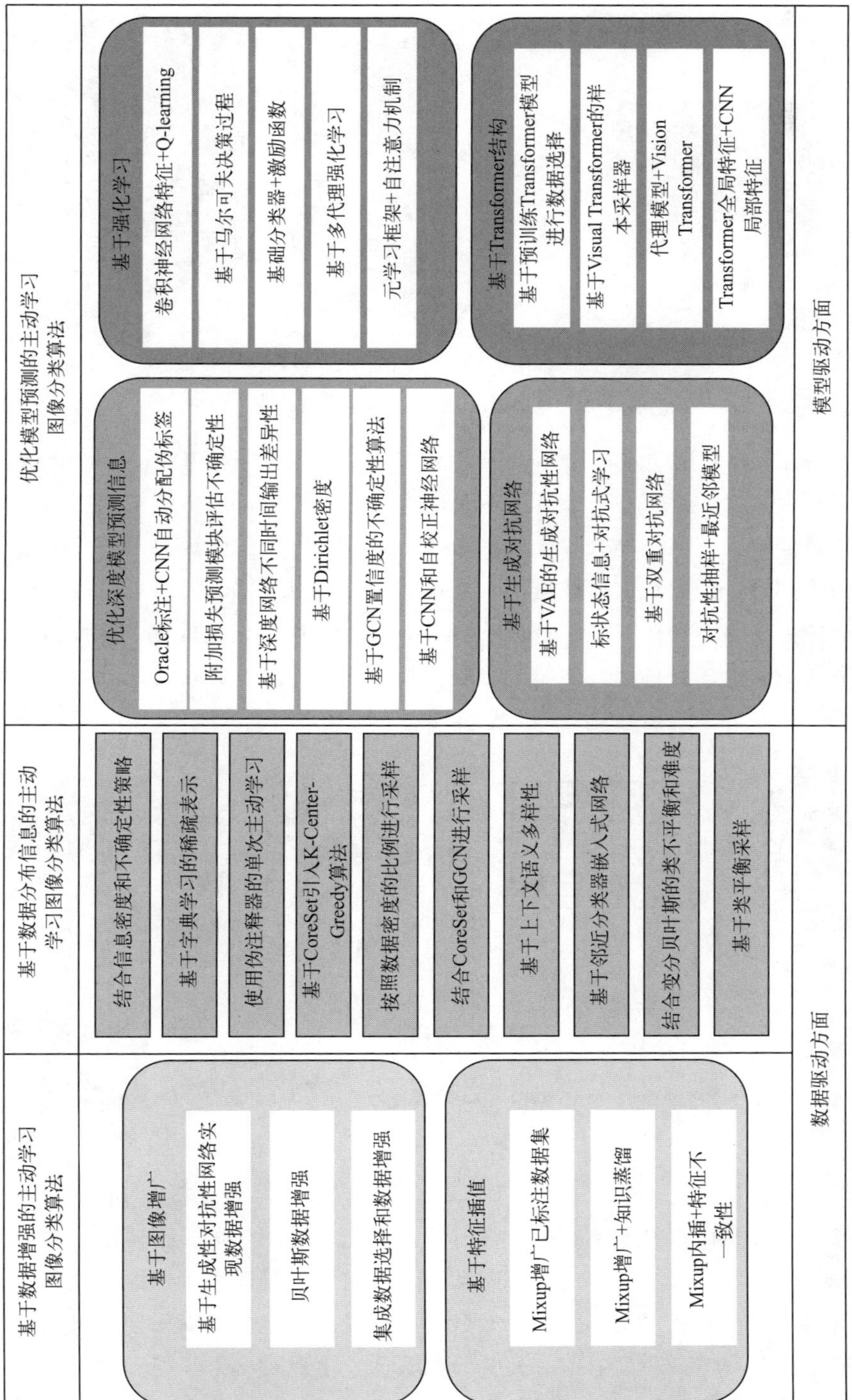

图 3-9　主动学习图像分类算法的分类

图 3-10 利用图像增广方法处理图像数据

有的研究者将数据增强和 SpinalNet 引入主动学习图像分类算法，SpinalNet 是一种深度网络模型，其优势在于计算量不大。运用 KeepAugment 数据增强方法，对选出的高质量样本实施数据增强操作。参考显著图，这一算法确定原始图像中重要程度比较高的部分，而后在进行数据增强的过程中，将重要部分的信息保存下来，以得到可靠性更高的训练样本，并借助 SpinalNet 对分类网络进行优化。该算法能够赋予基线算法更强大的性能，当数据集分类较少时，性能提升表现尤为明显。算法的流程如图 3-11 所示。

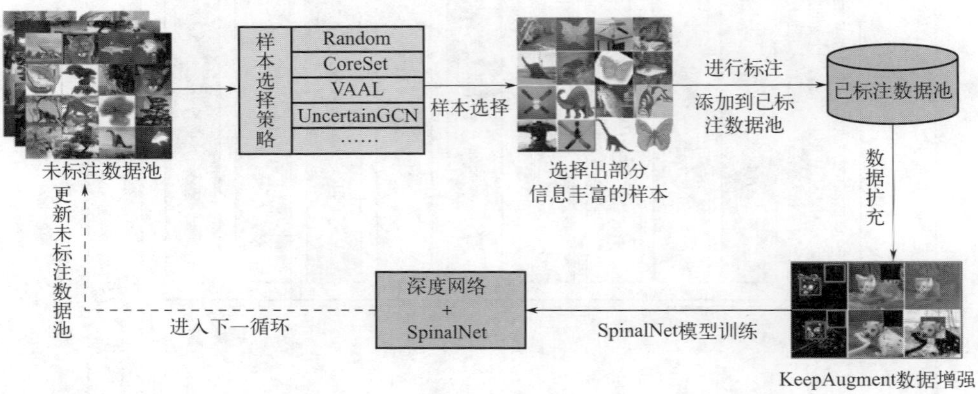

图 3-11 结合数据增强和 SpinalNet 的主动学习图像分类算法

数据增强技术可起到丰富数据、提升模型泛化能力的作用，在使用数据增强技术时要充分考虑现实情况，应对实际使用过程中可能出现的各种问题。比如，如果所生成的样本全都没有经过标注，那么数据增强就有一定的概率得到不可解释的实例，对模型的解释造成负面影响。另外，如果通过生成对抗网络得到的样本并未出现在原始数据集中，则模型训练就将面临一定的问题。总之，要想更好地利用数据增强技术，需针对实际问题掌握一些实用技巧。

3.3.2 基于特征插值的分类算法

基于图像特征插值进行数据增强是一种可行的方法，该方法的优势在于不必产生额外数据。2022 年，有研究者将 ALFA-Mix 算法与 Mixup 结合在一起，以确定表示信息是受到了何种因素的干扰，这种干扰使预测结果出现了偏差，通过寻找干扰原因，评估未经过标注样本的信息在丰富性方面达到了怎样的程度，进而实现更大程度地利用信息的目的。已标注样本和未标注样本各有其特征表示，在二者之间添加内插，构建样本的扰动版本，将其用于标签预测，根据所预测标签的可变性对未标注样本进行评估，从中选出信息量最丰富的样本。

通过划分可得到未标注样本的多个子集，同时特征空间中包含多个子空间，子集和子空间是相互对应的。K-means 算法可使位于子空间内部的样本形成簇，每个簇都有一个质心，标注最靠近质心的样本作为代表性样本。

针对未标注样本中的代表性样本和已标注样本建立内插，借由二者的结合观测邻近区域，标注区域中价值最高的样本，这个过程需涉及模型的重新训练，此外还要给出关于未标注样本标签的预测。ALFA-Mix 算法的基本框架如图 3-12 所示。

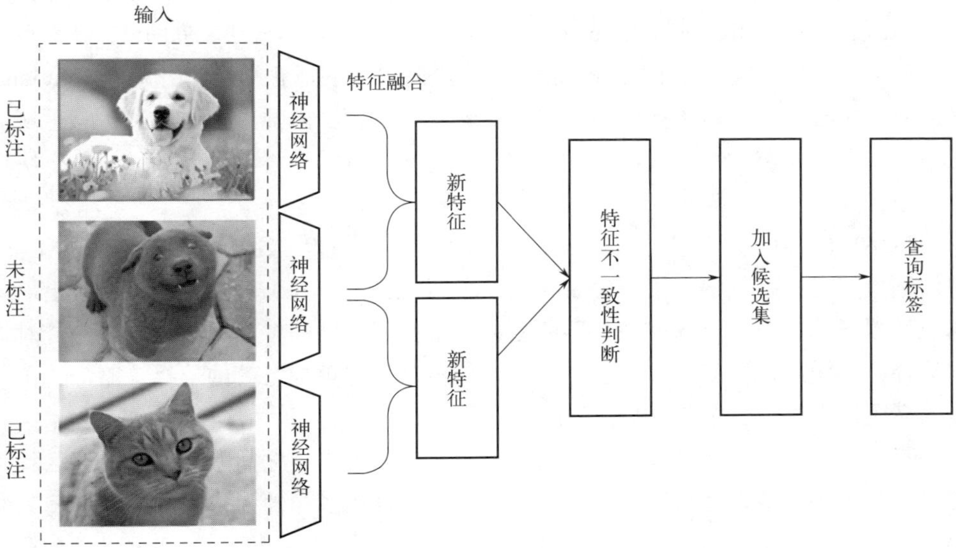

图 3-12 ALFA-Mix 算法的基本框架

不同于图像增广的算法，基于特征插值的算法并不额外产生新的数据，仅通过原始数据就可判定样本信息的丰富性。不过，使用特征插值也会遇到一些问题，在融合特征插值时，如果用来融合的样本间差异较大，则融合后就有一定概率出现样本信息不准确的情况；训练数据的信息利用方面还存在不足，信息利用率还有待提升，对此还需开发更有效的方法；另外，特征插值还不能很好地应对高维空间，在这样的空间中插值可能会出现异常值。

3.3.3 基于数据分布的分类算法

在模型训练中，样本的重要性与其几何分布有关，同时也受到邻近区域样本关系的影响。有研究者提出基于数据分布的主动学习图像分类方法，以提升模型对数据分布的适应能力。

2013 年，研究者在主动学习图像分类中引入不确定性策略，形成新的主动学习方法，该方法还需要用到信息密度。这种方法根据数据分布挑选样本，选出的样本具备比较强的代表性，能够充分反映数据分布的具体情况，这就形成了基于代表性的算法，这种算法可提供数据冗余，是一种值得肯定的方案。

有一种基于代表性的方法使用了 Coreset，全局训练集包含多个子集，该方法从中挑选出合适的子集来代表全局训练集，借助所选子集的局部几何特征取得更好的学习效果。这种方法把 K-Center-Greedy 用于主动学习，用核心集来训练，找出与数据重复点距离最近的中心，对二者间的距离进行最小化处理，由此选出中心点。

图像在空域的分布情况与其类型有关，基于此，研究者将一种语义多样性方法（contextual diversity for active learning，CDAL）作为主动学习方法。借助该方法，可根据上下文确定样本的示例对象，进而选出合适的样本。在卷积神经网络（convolutional neural networks，CNN）的预测中，比感兴趣区域范围更广阔的感受野 将为该区域提供信息，此信息将构成区域向量的一部分，这一观察结果将对语义多样性产生决定性作用。

CDAL-CS 算法是建立在 Coreset 基础上的算法，可以摆脱维度诅咒。CDAL-RL 算法则是建立在强化学习策略（reinforcement learning，RL）基础上的算法，借助该算法可以显示任务的具体状态，同时根据上下文所具备的多样性给出激励，针对样本选择，此激励以不确定性和多样性作为依据来制定更加有效的选择策略，选出更多的高质量样本，在这个过程中不必对激励进行监督。

查看已标注样本和未标注样本的分布情况，如果二者之间差异较大，那么就可能对选择策略的效果造成限制，而许多以不确定性和多样性为依据的样本选择策略都会用到 Softmax 分类器，通过分类器的预测进行计算，在这种情况下样本间的分布差异就尤其重要。现实中的数据集会出现不平衡的状况，也就是数据的长尾分布现象，有的研究者借此探究样本间的分布差异，结合变分贝叶斯的类不平衡算法就是这项探究活动的成果之一。

该算法需要用到一个分类器，在给定样本时，分类器有一定概率会出现错误，可从以下三个角度估算具体的错误概率。

① 分类器有多大可能在标注样本类别时出现了错误。

② 分类器所给定数据的类别有多大概率与预测的类别相符。

③ 在分类器给出关于类别丰富度的预测时，预测的先验概率是多少。

对变分自编码器（variational auto-encoder，VAE）进行训练，在训练中引入分类器，将其深度特征表示用作 VAE 的输入，以对训练起到推动作用。该算法可对数据的不平衡性进行深入分析，能够很好地处理不平衡数据集。

类平衡主动学习算法（class-balanced active learning，CBAL）是另一种图像分类算法，这种算法试图实现所选样本的均匀分布。在未经过标注的数据池中，存在类不平衡的问题，面对样本采集过程中存在的偏差以及数据集的不平衡，该算法从未经过标注的数据池入手推进问题的解决，具体方法是改正数据池的类不平衡。适应性是该算法的一项突出特征，可以将此算法与其他算法结合起来使用，比如基于不确定性和代表性的算法。

在制定样本选择策略时强调数据分布信息的作用，有助于提升策略的准确性和针对性，进而实现更加高效的主动学习。借助数据分布信息，可构建起具备更强鲁棒性的模型，增强处理数据集中各种问题的能力，这些问题包括偏差、噪声、离群点等。另外，面对类别不平衡问题，数据分布信息也能够发挥关键作用，给出可行的解决方案，提高模型对应用场景的适应能力。

以上较为详细地介绍了基于数据分布信息的算法，需指出的一点是，这类算法的实际性能会受到数据集规模的影响，同时模型稳定性的保持也是一个问题。在使用这类算法时，要注意控制数据分布与真实分布之间的差异，防止差异过大造成模型过度拟合或拟合不足等情况。

3.3.4 主动学习图像分类面临的挑战

基于主动学习的图像分类算法已经有了一定的发展，同时还有比较大的提升空间。如果算法处理的数据集并不包含太多的分类类别，同时数据集的模式并不复杂，那么算法的分类效果通常是令人满意的，而当遇到数据集的分类类别比较多、数据集模式比较复杂的情况时，该算法还不能很好地应对。在数据处理和模型优化方法的帮助下，分类器的性能将有所加强，不过如果数据集采用的是比较复杂的模式，数据标注所产生的成本就会显著上升。

目前，基于主动学习的图像分类算法面临着诸多问题和挑战，具体体现在以下几个方面，如图 3-13 所示。

（1）模型的任务无关性问题

现阶段的许多主动学习模型都是针对特定任务创建的，如果想将其用于其他任

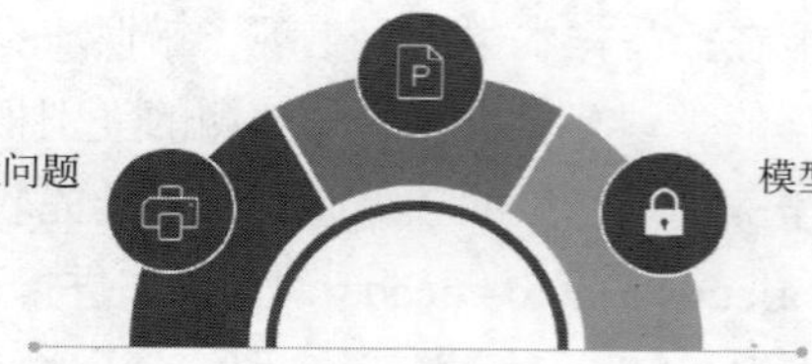

图 3-13　主动学习图像分类面临的挑战

务，就会遇到一些困难。前面提到过，数据集的特征会影响基于主动学习的图像分类算法的性能，如果数据集的分类类别比较多，或是样本并非均衡分布，算法的性能就会受限。

针对这样的数据集，需创建对应的模型，不过模型的设计和构建要花费高昂的成本，并且这样的模型是面向特定任务建立的，其适用范围比较窄，后续很难通过重复利用实现成本的均摊。因此，模型任务的无关性成为摆在基于主动学习的图像分类算法面前的一项挑战，要想克服这一挑战，需制定适用于各类数据的样本选择策略，或是采用通用性较强的图像分类器。

（2）样本选择策略的融合问题

不确定性和多样性是样本选择时通常采用的两项依据，而单独运用两者中的任何一项进行样本选择都会产生一定问题，单独使用不确定性容易造成分布偏差，单独使用多样性则会产生较高的成本，同时所得样本的信息量以及分类器的性能都会受限。因此，当前的一项重要工作是将两者融合起来，形成基于不确定性和多样性的混合样本选择策略，这种策略效率更高，适用范围更广。

（3）模型训练模式的问题

在开展基于主动学习的图像分类算法研究时，许多研究者每进行一轮样本选择都会重新训练模型，而这种模型训练策略是值得商榷的。首先，不断重新训练模型会耗费大量的计算资源，大幅延长训练时间，特别是当数据集的规模较大或是模型的架构比较复杂时。其次，重新训练模型意味着从头再来，在这个过程中先前积累的信息可能不复存在，造成时间和资源的浪费。因此，在每轮重新训练模型模式都存在种种问题的情况下，寻找新的训练模式势在必行。

3.3.5　主动学习图像分类的研究方向

（1）针对模型的任务无关性问题

① 结合自注意力机制。近几年，Transformer 架构发展迅速，在计算机视觉领域受到广泛关注，即使与 CNN 方法相比，该架构在性能上也展现了不错的竞争力。在

Transformer 架构中起到核心作用的是自注意力机制，它可处理各种计算机视觉任务，包括高分辨率图像合成，以及目标的跟踪、监测、识别等。

更多架构的问世持续推动着分类模型性能的提升，包括 ViT、BoTNet、Swin Transformer 等。前面已经提到，Transformer 架构已被引入主动学习图像分类任务，与 CNN 相比，Transformer 架构更加灵活，在可扩展性上也具备优势。

Transformer 架构并不仰仗固定的卷积操作，它基于自注意力机制，借助前馈神经网络层提取图像特征，并将提取到的特征表示出来。凭借自身的灵活性，Transformer 可处理各种类型的任务，适配多种输入类型，有效地解决任务无关性的问题。Transformer 架构优势突出，是一种值得期待的方案，不过当前关于这一架构的研究还未充分开展。随着 Transformer 架构研究在未来的持续推进，主动学习模型将能够应对更多场景的任务。

② 结合元学习方法。针对模型的任务无关性问题，也可以采用结合元学习的方法。所谓元学习即关注学习本身，学习怎样学习，借助元学习方法能够提升模型对各类任务的适应能力，同时在处理任务时不必重新训练模型，这有助于模型训练模式问题的解决。此外，元学习方法的作用还体现在降低数据量，实现更加高效的模型训练。在未来，元学习方法将在构建性能更强大的主动学习图像分类算法方面发挥关键作用，比如可以借助与模型无关的元学习（model-agnostic meta-learning，MAML）进行样本选择策略的学习。

MAML 可开展多任务的元训练，以此来学习通用模型，当处理新任务时，在通用模型的基础上做细微的调整。通过样本选择策略学习，MAML 可以确定最适用于任务的策略，以最大限度地提升在这一任务上的性能。

（2）针对样本选择策略的融合问题

在样本间建立更加紧密的关系。借助图卷积网络（graph convolutional networks，GCN），使图像特征之间具备相似性，有效地解决了样本选择策略的融合问题。在未来，可将注意力机制和图网络用于样本间关系的学习，以洞悉样本数据的分布。将图网络给出的预测信息和样本间关系结合起来，可实现样本选择策略的融合，因为两者分别是基于不确定性和基于代表性及多样性的。

（3）针对模型训练模式的问题

前面提到，重新训练模型的模式会导致计算资源浪费等问题，对此可转而采用增量训练模式，基于原有模型在训练中加入新数据，在不重新训练模型的前提下调整模型参数与结构，扩展模型类别。增量训练模式并非没有缺点，如果增量训练过于简单，会导致模型参数出现误差，但是由于其在节省训练成本方面的显著作用，该模式仍然不失为一种合理的选择。现阶段，针对增量训练模式的研究还有待进一步拓展，随着研究的推进，该模式将得到更为广泛的应用。

第4章

图像处理与识别技术

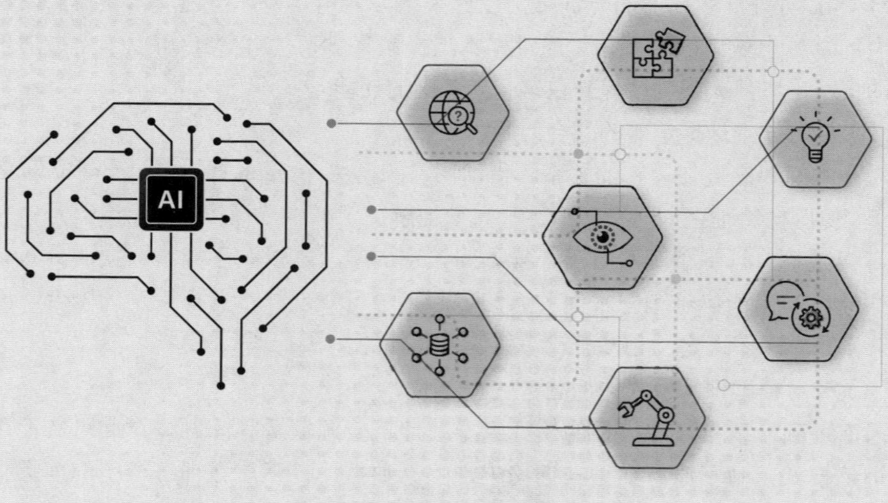

4.1 机器视觉的图像处理技术

4.1.1 图像采集

图像处理，即采用计算机对图像进行分析，使图像中的信息更加清晰，更容易被识别。一般图像处理又可进一步分为模拟图像处理和数字图像处理，通常所说的图像处理默认为数字图像处理，这种处理的实现离不开相关软件的辅助。

图像处理的根本目的在于为下一环节的图像识别创造条件，通过降低图像信噪比、对图像信息进行增强等手段使之转化为计算机所能识别的形式。

图像采集是获取图像信息的直接方式，通过数字摄像机、扫描仪、数码相机等电子图像采集设备，对实物进行拍摄扫描以获取物体的图像信息，其中既包括静态信息，也包括动态信息。在获取图像后，可以通过数字化处理手段将其转化为图像数据，与文本、形状、音频、视频等其他多媒体数据储存在计算机内，并由显示屏进行显示。图像的提取是最先进行的图像计算机适应性处理。

机器视觉系统的图像采集单元主要包括光源、数字相机和图像采集卡等，如图4-1所示。图像采集本质上是在有光源创造出成像条件的前提下，通过数字相机捕捉目标物体的图像，并将其由光学图像转化为图像信号，再通过图像采集卡的传输功能将图像传送至图像处理单元的过程。在进行图像采集单元的设计时，要从技术角度对数字相机、图像采集卡和光源等构成部分进行考虑。

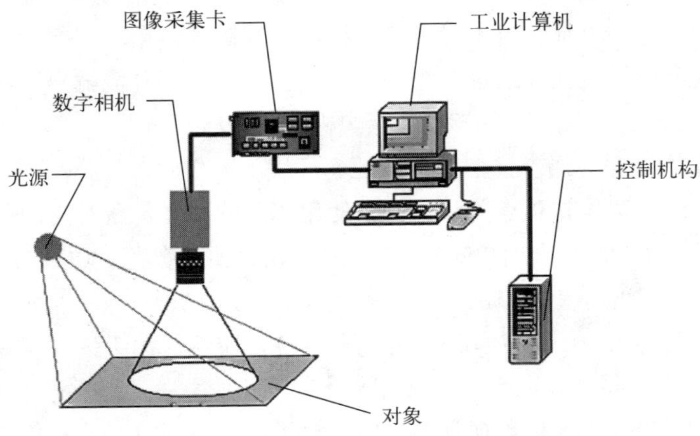

图 4-1 机器视觉系统的基本构成

（1）摄像机和镜头的选择

在机器视觉系统中，摄像机和镜头是感知和捕捉图像的关键部件，能够在目标物体成像后将所成图像记录下来。数字摄像机是机器视觉系统中应用的主流相机，其通过镜头使拍摄对象在光电传感器上成像，随后将图像信号转化为易于被计算机处理的光电信号。

（2）图像采集卡

图像采集卡是图像采集单元与图像处理单元之间的过渡接口，如图 4-2 所示。由于在实际应用中，图像信号的传输需要高速率加持，因此需要相应地配备性能更好、规格更高的接口，所以设计出了图像采集卡。以下是选择图像采集卡时需要考虑的问题。

图 4-2 图像采集卡示例

① 视频输入的格式和数据传输率。图像采集卡所支持的系统采用的输出信号格式应与主流通用摄像机所采用的输出信号格式保持一致，即应能够支持大部分摄像机所采用的 RS422 或 EIA644 输出信号格式。从适应性和灵活性角度来看，同时兼容两种格式是最理想的设计。当相机快速拍摄出具有高分辨率的图像后，此时输出速率也随之暴增，摄像机往往通过多路信号实现图像的实时分流输出，图像采集卡必须能够适配多路输出环境，并能够承载摄像机的输出功率。

② 数据的吞吐量。当在高信号输入速率环境下工作时，应将图像采集卡与图像处理系统之间的带宽作为重点关注指标。使用不同的设备，所对应的接口以及接口的带宽也不同。如 PC 所对应的 PCI 接口，其理论峰值带宽为 132MB/s。但在实际应用场景下，计算机的 PCI 接口的平均传输速率为 50 ～ 90MB/s，远低于瞬间高传输率时的传输带宽要求。因此为保证良好的兼容性，避免数据丢失，图像采集卡多设有 2MB 的板载存储器，以进行重要数据的缓存。

③ 数字 I/O 控制。在机器视觉系统中，为了保证不同单元信号传输的紧密衔接以及信号的共时性，需要保证输入 / 输出控制的精准性。因此，在不同的情况下需要满足不同的条件，如在应用可重设摄像机的场景下，需要保证重设信号的产生；在预设拍摄帧率的系统中，需要配置像素时钟发生器。此外，为了保证视频信号的完全同步，应通过外同步统一不同视频设备之间的同步信号，确保不同设备输出的视

频信号的帧、行起止时间保持一致。

④ 软件开发包。为了确保能够与不同的系统进行交互，满足多种功能需求，图像采集卡附带相应的软件开发工具，在图像处理软件开发过程中发挥着重要作用。

（3）光源

光源是拍摄目标成像的重要条件，通过打光能够进一步增强拍摄目标表面的对比度，从而使所成的像的特征更加鲜明。光源在图像采集中扮演着极为重要的角色，光源的设计应建立在明确目标物体各部分差异的基础上，从光学角度讲，这些差异主要有以下方面：

① 反射系数差异，是光线集中的镜面反射还是光线均匀的漫反射；

② 颜色差异，其本质是发射光和反射光波长差异的显现；

③ 光的传播介质和折射率的差异；

④ 物体表面的材料、物体形状、物体摆放方向的差异。

与这些差异相对应的，可以通过光源的颜色变换、强度调整、方向改变或选取不同的反射方式等在所采集的图像上进一步强化物体各部件的差异。

4.1.2 特征提取

特征提取指的是从海量图像信息中快速精准地提取出具有代表性的图像特征，从而为机器视觉的图像目标识别提供支持。一般来说，特征提取方法可分为梯度特征提取法、纹理特征提取法、颜色特征提取法、形状特征提取法、光流特征提取法等，如图 4-3 所示。

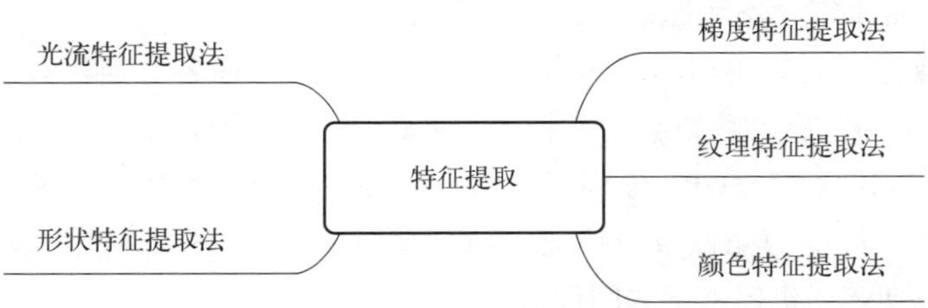

图 4-3　特征提取方法

（1）梯度特征提取法

梯度特征提取法聚焦于图像边缘信息，通过对图像中像素值的梯度进行计算，识别特征点与非特征点，从而提取图像的边缘特征。主流的特征提取算法包括 Canny 边缘检测、Prewitt 算子和 Sobel 算子，这些算法能够高效地提取出图像的边缘特征，在医学细胞识别、目标跟踪等方面应用较广。

（2）纹理特征提取法

纹理特征提取法建立在图像纹理信息识别的基础上，在提取图像中的纹理信息后，通过算法对纹理的分布方式与纹理形态特点进行分析，从而实现纹理特征的提取。常用的提取方法包括灰度共生矩阵（GLCM）、局部二值模式（LBP）等，在图像分类、纹理识别中发挥着重要作用。

（3）颜色特征提取法

颜色特征提取法主要聚焦于图像的色彩信息，通过对图像中不同色相、明度、饱和度等色彩的分布与特征进行分析，从而实现对不同物体和不同场景的识别。常见的颜色特征提取方法包括颜色直方图与颜色矩。这些方法在图像检索、目标识别等领域应用较多。

（4）形状特征提取法

形状特征提取法建立在对图像形状信息识别的基础上，在识别过程中，通过分析图像中的几何形状，寻找形状边界等实现对目标的识别，确定图像处理选区。常用的形状特征提取方法包括链码、轮廓拟合等边缘描述子，这些方法在目标检测、目标跟踪等领域应用较广。

（5）光流特征提取法

光流特征提取法聚焦于图像运动信息，其特征识别是通过对比计算图像序列中像素的位移来实现的，以此获取图像中的运动方向、运动轨迹等信息。常见的光流特征提取方法包括 Horn-Schunck 光流法、Lucas-Kanade 光流法等，这些方法在目标跟踪、行为识别等领域应用较广。

从实际操作过程来看，相关研究人员要先从图像区域的尺寸出发，将图像特征划分为局部特征和全局特征两大类，再根据局部特征来对图像目标进行描述，以便进一步提高特征提取效率和图像目标描述的精准性。

特征提取方法的应用离不开图像目标背景的支持，而各类描述只可以用于识别图像目标特征，并在一定程度上提升识别效率，优化识别效果，打破图像目标背景对特征提取的制约。以 SURF 描述子为例，该描述子具有性能稳定性强、识别效果好等诸多优势，能够为图像目标特征识别提供强有力的支持，可以广泛应用到各个领域当中，推动基于机器视觉的图像目标识别方法落地。

4.1.3 图像预处理

图像的预处理指的是利用去噪、平滑、锐化等手段提高后续图像处理的效果。从实际操作过程来看，首先，应借助机器视觉来获取图像目标，并根据实际情况采取平移、缩放等操作；其次，在保存图像特征的前提下对图像目标进行去噪等操作，过滤掉图像中的噪声等无关的干扰信息；最后，还需检查预处理结果，确保图像的可识别性，提高图像识别的精度和效率。

图像滤波处理具有去噪作用，通常可分为线性滤波处理和非线性滤波处理两种类型。其中，线性滤波处理主要涉及均值滤波、方框滤波和高斯滤波，能够通过平滑的方式减弱噪声，还能够确保图像细节的完整性，在图像滤波处理中发挥着十分重要的作用。

具体来说，粒子滤波与卡尔曼滤波之间在算法上存在一定差异，粒子滤波的样本相对较少，粒子数量选择不合理，存在许多不足之处，难以实现广泛应用；但卡尔曼滤波具有操作难度低、鲁棒性强等诸多优势，可广泛应用于机器视觉跟踪领域，为机器视觉跟踪实现精准的图像识别提供支持。

图像边缘是图像目标的核心区域，其实际处理情况影响着图像预处理的效果。为了获得更好的图像预处理效果，机器视觉的图像目标识别还需进一步加大对图像边缘的处理力度。从实际操作来看，机器视觉的图像目标识别需要先优化升级图像边缘检测技术，提高检测技术的科学性和检测方案的合理性，以便利用该技术全面检测图像边缘预处理结果，再充分发挥多尺度分析等方法的作用，提取图像边缘信息，提高图像处理结果的稳定性和准确性。

总而言之，良好的图像预处理能够全方位提高机器视觉的图像目标识别水平，确保识别的精准度。

4.1.4 图像增强

图像在获取、成像、传输以及拷贝的过程中不可避免地会发生一定的失真，导致数字化处理后的图像存在分辨率较低、画质模糊、目标特征不明显等问题。为了进一步突出目标特征，使图像的主体部分相较于背景区域更加鲜明，需要通过一定的技术手段对图像画面进行优化，即图像增强。

图像增强能够进一步提升图像的信噪比，使原图像的色彩明度、色块分布等处于最佳状态，对图像进行适度锐化，还原画面细节。同时，图像增强能够使图像变得更加清晰，图像各区域的边界更为分明，更容易被识别，无形中增强了图像传递信息的能力。图像降质并不在图像增强的考虑范围之内，经过增强处理后的图像将更加美观、清晰。可以说，图像增强是图像分析和图像理解的重要铺垫。

图像增强的实现方法主要包括如图 4-4 所示的三种。

（1）点增强

点增强又包括图像灰度变换和几何变换两种方式。图像的灰度变换也称为对比度增强、点运算，因其操作简单、计算量小的优点而在图像数字化软件和图像显示软件中应用较多。灰度变换的原理在于在一定的规则指导下修改图像中每一个像素的灰度值，实现对图像整体灰度范围的修改，从而输出一幅特征清晰的新图像。由于原始像素点与修改后的像素点存在对应关系，因此灰度变换后图像内部像素间的对比关系不会改变，内部空间关系与修改前保持一致。

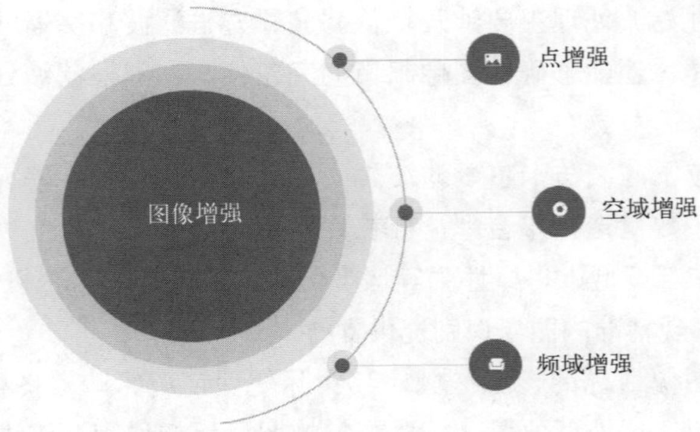

图 4-4　图像增强的主要实现方法

点增强中的另一种基本变换是图像的几何变换。图像的几何变换又可细分为图像的平移、镜像、旋转等位置变换和图像的放大、缩小与错切等形状变换。图像的几何变换能够实现图像的坐标变换与缩放，在目标配准与目标识别中应用较多。

（2）空域增强

物体的空间信息在图像中往往通过物体的大小、位置、形状来显示，而在图像分析过程中，这些特征的描述又需要依赖于一些物理模型。举例而言，若图像呈现出高频率特征，则说明其灰度值变化剧烈，这往往是物理边缘轮廓常会出现的情况；反之，若图像呈现出低频率特征，则说明其灰度值过渡平缓，则可判定其为物体内部。

因此，通过对图像中高频和低频特征的选择性增强，能够实现对图像不同的处理效果，从而满足不同场景的应用需求。比如，在医学目标识别中，需要根据细胞的轮廓形状做出判断，因此需要进行高频增强以进行图像锐化，从而获得图像清晰的轮廓；而在图像预处理过程中，为了避免干扰因素对信息接收的影响，往往对图像进行低频增强，以实现噪声消除。

（3）频域增强

图像的频域增强与图像的空域增强相对，其中空域增强聚焦于局部，可以对图像中选中的特定部分进行增强，而频域增强则聚焦于整体，可以实现图像的全局增强。

频域增强技术建立在傅里叶变换的基础上，不同于空域增强的二维变换，频域增强将图像转换至频率域，随后执行基于卷积神经网络的滤波操作，从而实现图像的全局增强。因此，傅里叶变换和卷积理论是频域滤波的技术支撑。

4.1.5　图像分割

图像分割是以像素特征为依据对图像进行的区域性划分，其本质是依照特征进行归类，同类像素的连续集构成一个区域，图像上的所有区域彼此独立。其中，作为分类依据的特征存在多种情况，既可以是颜色特征，也可以是形状、纹理以及灰度特征，具体视识别目标而定。

图像分割的第一步就是确定目标与背景，按照一定的规则确定感兴趣选区，分别采取不同的记号进行标注，随后将感兴趣选区与背景剥离。由于图像采集的过程中会受到光源位置、相机拍摄模式等因素的影响而导致图像出现边界模糊、噪声值高等问题，加大了图像分割的难度，此时图像分割方式的选择就显得尤为重要，这需要考虑景物条件特点、识别目标等多方面的因素。图像分割一定程度上是接下来图像识别、分析与归类环节能够顺利进行的前提。

具体来说，图像分割的主要方法如图 4-5 所示。

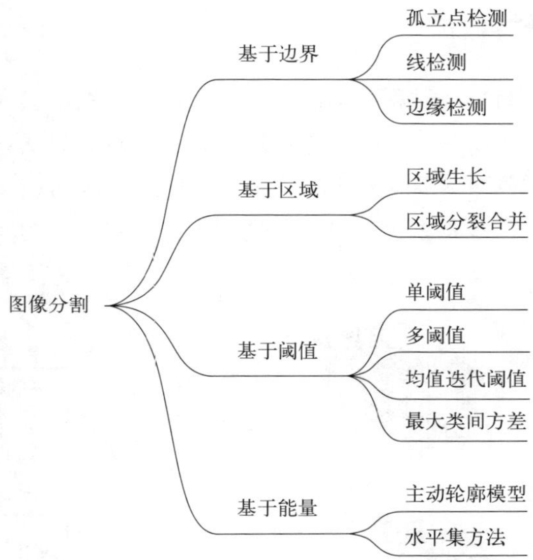

图 4-5 图像分割的主要方法

（1）基于边界的分割方法

边界是图像的重要信息。基于边界的图像分割方法指的是通过检测图像的边缘或轮廓来进行图像分割。这种图像分割方法适用于背景相对复杂但目标边缘明显的图像，但在应用的过程中需要注意噪声等因素的干扰。

（2）基于区域的分割方法

基于区域的分割方法可以融合相近像素，重塑图像区域，并在此基础上对图像目标进行识别，具有计算复杂度低、图像分割效率高等特点，但需要在分割时确定好种子点的具体位置，且难以在噪声敏感部位发挥作用。

（3）基于阈值的分割方法

基于阈值的分割方法可以对图像中的像素点进行分类和计量，具有操作复杂度低、图像计算量小、性能可靠性强等特点，主要用于分割各种常规图像，但这种分割方法也存在一定的不足，如操作范围小、分割效率低等。

（4）基于能量的分割方法

基于能量的分割方法需要借助相应的函数曲线实现对图像的分割，存在计算效率低、应用效果差等不足之处。

一般来说，对于大的图像目标，图像分割的速率会有所下降，进而导致图像目标的识别效果也随之降低。为了优化图像分割效果，机器视觉的图像目标识别需要综合运用多种分割方法，从不同的方位对图像进行分割，提高图像分割水平。就目前来看，混合分割法能够提供较好的分割效果，已经成为各方相关研究人员关注的重点。

4.1.6 图像压缩编码

数字图像在处理与传输过程中面临的一大问题是数据规模大，存储时资源占用率高，而相应的网络带宽与负责数据存储的大容量存储器无法直接完成数据图像的处理、存储和传输等工作。因此，为了使图像满足网络环境下的存储或传输要求，需要通过技术手段对图像格式进行转化，通过图像压缩编码的方式使之能够被直接处理，如图 4-6 所示。

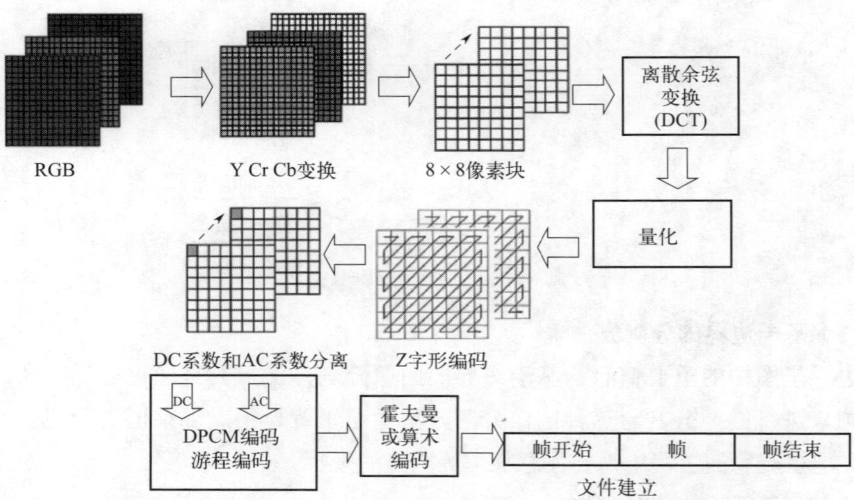

图 4-6 图像压缩编码示例

当前图像压缩编码体系已建设得较为完善，形成了领域内全球统一的标准，常用的静态图像压缩标准 JPEG 就是其中之一，该标准所规定的图像指标包括图像的分辨率、彩色图像与灰度图像等，一些有网络传输需求的 CCD 图片、彩色相片等均可参照本标准进行压缩。

由于视频调慢播放速度后便会转化为一帧帧静态图像的形式，因此 JPEG 也能够用于动态视频单帧图像的压缩。图像编码技术能够精简图像数据量，优化存储器空间，提升图像传输和处理效率。

图像压缩编码是图像数据压缩的技术基础，其本质是降低表示数据图像所需要的数据量，以更好地节约传输和存储资源。图像压缩编码的主要原理是通过离散的数字表示模拟量，从而替代原有的大规模数据，实现图像信息量的压缩。

在同一帧图像中，相邻像素块之间往往存在较大相关性，即空间冗余；在连续性图像之中，前后帧之间存在较大的相关性，即时间冗余，这些冗余会占据较多的资源，通过图像压缩技术对关联性强的像素或图像进行优化，能够消除冗余，实现数据压缩。

当前，随着相关算法的发展，图像压缩技术进一步走向成熟，预测编码、分形编码、小波变换图像压缩编码、变换编码等均在图像压缩领域发挥着重要作用。然而，图像编码也面临着一些问题，如面对高比率压缩需求，由于其技术难度较大，可能需要对不同的系统进行集成，但当前图像编码技术并不具备通用性，因此建立一套通用性标准成为当务之急。

为了推动图像压缩的标准化，实现行业内统一，1990 年以后，国际标准化组织（ISO）、国际电工委员会（IEC）、国际电信联盟（ITU）等相关组织联合起来进行静止和活动图像编码国际标准的制定，其中 JPEG 标准、MPEG 标准等已经应用，而其他相关标准仍在持续制定中。

4.1.7 图像复原

图像复原又称图像恢复，其根本目的在于将图像还原至接近成像时的状态，对图像中的噪声干扰、动态模糊、暗斑等影响清晰度的要素进行剔除，从而保证图像清晰。滤波是图像复原的主要手段，通过降低图像质量来消除图像中的噪声、增强图像中被模糊的细节或使主体区域清晰；图像重建也是较为常见的图像复原手段，该技术通过断层成像的原理实现图像的重建。

（1）图像退化与图像复原

图像复原的主要目的是提高图像的清晰度和信息表现能力，尽可能去除图像在生成、传输、存储过程中产生的噪声与干扰，将模糊、失真的图像还原至图像的原始状态，即实现对退化图像的还原，如图 4-7 所示。

在成像过程中，有多种原因可能造成图像的退化，包括成像系统的散焦、拍摄过程中的设备晃动、成像器材本身的精度问题等。这些都有可能导致拍摄的物体出现模糊、形变等。此外，传感器特性的非线性、光学系统的像差还有可能造成成像后图像相对于原景物的画面偏移，如某一局部被放大或缩小，这种现象称为畸变。另外，环境中的光线变化、各种扰动等还会使得图像中出现噪声，这类噪声相对于

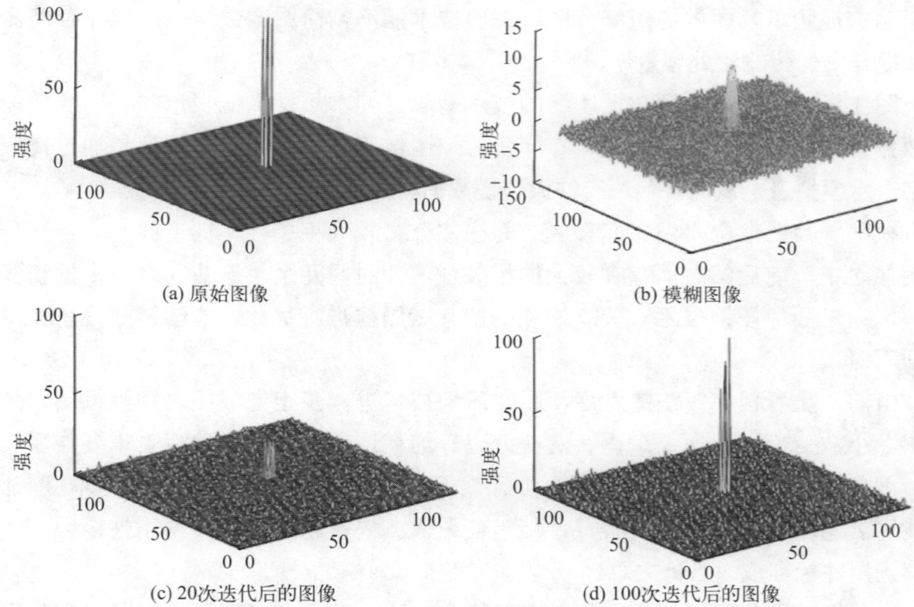

图 4-7　图像复原示例

声音中的噪声更易被人类感知到，从而影响观感，因此需要通过图像复原使图像恢复到初始状态，保证其对客观物体描述的精准性。

（2）图像复原的常用方法

① 逆滤波。逆滤波是一种以退化函数的估计为基础的图像恢复方法，其基本逻辑在于，图像失真后，其频域特性也相应地发生改变，通过退化函数去除失真图像的频域特性，就能够使被掩盖的原始图像的频率特性恢复，从而实现图像复原。

② 维纳滤波。维纳滤波是一种通过调节图像信噪比以实现频域滤波的图像还原方法。该方法的基本逻辑在于以信噪比的估计作为滤波器形状和大小的选择依据，从而精确地消除图像内的噪声，并对图像信号进行增强，以实现图像复原。

③ 最小二乘逆滤波。最小二乘逆滤波是一种在傅里叶变换的支持下，通过最小二乘法在频域内复原图像的方法。最小二乘逆滤波在噪声消除和估计退化函数方面具有突出表现，其正是凭借这一点实现图像的复原。

4.2　机器视觉的图像识别技术

4.2.1　图像识别原理与特点

自 20 世纪 80 年代起，机器视觉技术飞速发展，并逐渐被广泛应用到多个领域当中。就目前来看，机器视觉的图像目标识别系统已经实现了自动化，且应用范围较广，比如，能够代替人来完成各项具有一定危险性的任务，该系统在多种危险场景中发挥着十分重要的作用。

在机器视觉领域，图像目标识别的研究是一项不可忽视的内容。以农业领域的应用为例，图像目标识别可以应用到药物喷洒工作中，加强对病虫害的防治，为农作物的生长和发育提供保障，在农作物生长过程中发挥重要作用。除此之外，机器视觉的图像目标识别还能够整合和集中处理大量信息，为工业制造提供支持，助力工业领域的企业实现计算机集成制造。机器视觉中图像目标识别方法的应用能够在一定程度上确保传出的视觉信息正确无误，提高图像识别信息的准确性。

图像识别技术是人工智能领域中的一项重要技术，能够利用计算机来代替人处理大量物理信息，实现对不同模式的目标和对象的识别。近年来，计算机领域的技术飞速发展，人类对图像识别技术的认知也逐渐深入。具体来说，图像识别技术主要涉及信息的获取、预处理、特征抽取和选择、分类器设计、分类决策等内容，可分为基于神经网络的图像识别技术、基于非线性降维的图像识别技术等多种类型，且应用范围十分广泛，是人类生活中不可或缺的一项重要技术。

从发展过程来看，图像识别技术主要经历了文字识别、数字图像处理与识别以及物体识别三个阶段。从本质上来看，图像识别技术可以处理和分析图像信息，并从中识别出所需研究的目标。

就目前来看，仅凭肉眼已经难以满足日渐增长的图像识别需求，而图像识别技术，具有十分强大的识别能力，可以利用计算机代替人来高效处理大量图像信息，快速处理各种人类无法识别或识别效率较低的信息，充分满足人们在图像识别方面的需求。

从作用原理上来看，机器视觉的图像目标识别具有操作复杂度低、系统结构简单等优势，主要包含图像处理和图像识别两项内容，能够借助照明光源、高清摄像机等灵敏的硬件设备从海量图片中找出目标图像，并在确保这些图像完整性的基础上将其划分成多个类别，如图 4-8 所示。

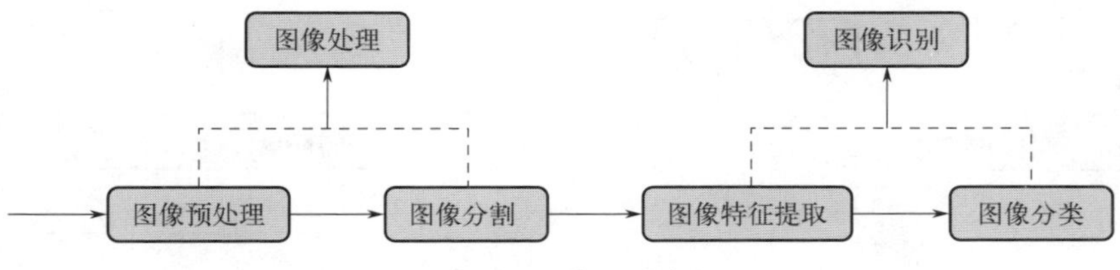

图 4-8 图像识别过程

图像的内容通常用图像特征进行描述，图像识别技术需要利用计算机来完成图像识别任务，不存在感觉与视觉差。在识别过程中，图像识别技术会先提取图像中的特征，排除多余信息，据此对图像进行分类，并在此基础上实现对图像中的目标和对象的识别，但图像中的特征在不同情况下的明显程度各不相同，这可能会在一定程度上影响识别速度。

机器视觉的图像目标识别方法具有实时性强的特点，能够自动采集和分析图像信息，但还需进一步提高图像识别的精准度，因此相关研究人员还要加强对这一技术的研究，推动机器视觉的图像目标识别技术优化升级。

4.2.2 图像识别的关键技术

随着计算机技术的发展和科技的进步，图像识别技术的应用范围越来越广。

微软研究团队表示，在 ImageNet 2012 分类数据集的实验中，深度学习模型的图像识别错误率为 4.94%，人类的图像识别错误率为 5.1%。由此可见，在图像识别方面，计算机的能力已经逐渐超越人类，计算机的图像识别技术有着巨大的研究意义和发展潜力。不仅如此，计算机在多个方面都展示出了高于人类的优势，未来，计算机的图像识别技术将会为人类社会带来更多更加先进的应用。

（1）基于神经网络的图像识别技术

神经网络图像识别技术是一种融合了神经网络算法的新型图像识别技术。基于该技术的模型融合了遗传算法和反向传播（back propagation，BP）网络，可以在多个领域中发挥作用。

图像识别系统可以利用神经网络来提取图像的特征，并在此基础上通过映射的方式实现对图像的识别和分类。例如，智能网联汽车通常会配备图像识别系统，可以利用相应检测设备来感知周边环境，对运行环境中的交通标志、障碍物等进行识别，利用拍照自动识别技术在计算机中对图像进行保存、分析和识别，如图 4-9、图 4-10 所示。

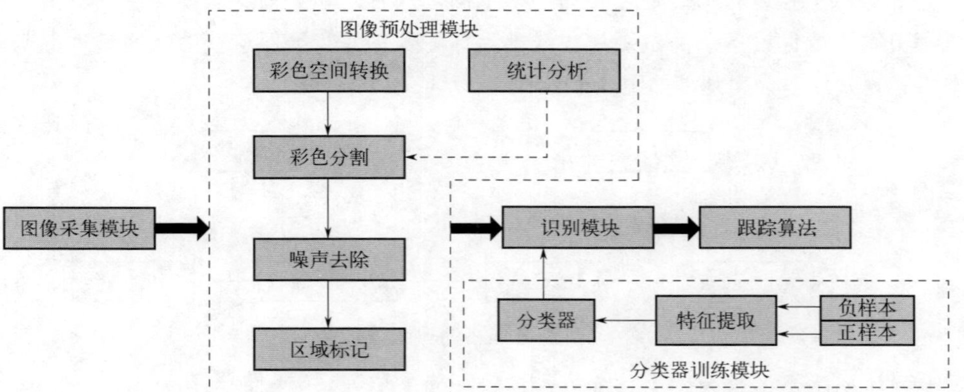

图 4-9 交通标志智能识别系统的工作流程

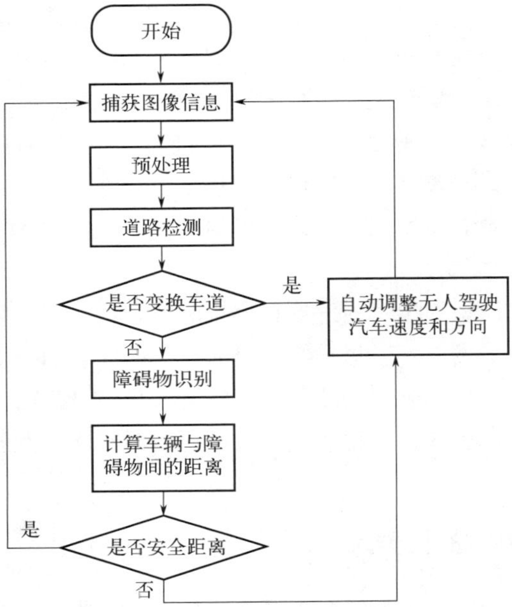

图 4-10 障碍物识别系统工作原理

不仅如此，图像识别系统还可以综合运用基于模板匹配算法和基于人工神经网络算法，并从车牌定位模块中提取车牌信息，实现对车牌中字符的有效识别。

（2）基于非线性降维的图像识别技术

计算机的图像识别技术是一项高维识别技术，在应用过程中所产生的数据具有多维性的特点，因此计算机识别难度较大。为了让计算机实现高效识别，相关研究人员需要进一步深化对计算机图像识别技术的研究，对其产生的数据进行降维处理。降维可分为两种类型。

① 线性降维。如主成分分析（principal component analysis，PCA）、线性奇异分析（linear discriminant analysis，LDA）等，这种降维方式具有难度低、易于理解等特点，且可以处理整个数据集合，为计算机的图像识别提供最优低维投影，但同时也存在计算复杂等不足之处，且需要占用大量时间和空间。

② 非线性降维。这种降维方式可以发现图像的非线性结构，并在保护本征结构的同时完成降维，让计算机可以在低维度上快速识别图像，以人脸图像识别系统为例，该系统需要较高的维数，数据较为复杂，计算机处理困难。与此同时，高维度空间中的人脸图像分布存在不均匀的现象，因此人们可以通过非线性降维的方式来降低人脸图像的维度，提高人脸图像的紧凑程度，以便实现更加高效的人脸识别。

计算机的图像识别技术可被广泛应用到多个领域，如交通、公共安全、农业、生物医学等。具体来说，计算机的图像识别技术的应用为交通领域提供了车牌识别系统，为公共安全领域提供了人脸识别技术和指纹识别技术，为生物医学领域提供了心电图识别技术，为农业领域提供了种子识别技术和食品品质检测技术。除此之外，计算机的图像识别技术还在其他多个领域发挥着重要作用。

近年来，计算机技术飞速发展，图像识别技术及其算法也在不断升级。未来，我国相关研究人员将进一步加大对图像识别技术的研究力度，利用更加先进的技术从图像中获取更多信息。与此同时，计算机的图像识别技术也将被应用到更多场景中，为人们的生活提供方便。

就目前来看，图像识别技术的发展和应用时间较短，但应用范围十分广泛，技术水平也在随着科技的发展不断提升，同时人们对图像识别技术的认知也越来越深入、越来越全面。在信息化时代，图像中蕴藏着大量信息，图像识别技术的应用能够提取图像中的信息，为人们的生活带来更多便利，并逐渐发展成人们生活中不可或缺的一项技术。

4.2.3 基于机器视觉的机器人

在机器人研发工作中，相关研究人员需要加强对机器视觉模式的研究，掌握机器视觉模式相关知识和各项先进技术，如深度学习等，并充分发挥这些知识和技术的作用，增强机器人的感知能力，赋予机器人物体识别、目标定位和行走避障等多种感知识别功能。

机器人融合了多种先进技术，能够在这些技术的支持下实现多种功能，也可以结合人工智能深度学习来增强自身的识别能力和自主学习认知能力。具体来说，机器人可以借助卷积神经网络（convolutional neural networks，CNN）实现图像识别模型构建等功能，以提升图像识别效率、图像识别精度以及拓展认知的深度和广度。

此外，机器人还可以借助 C 语言编程实现客户端图像采集功能，借助 Socket 传输协议实现图像传输、图像识别等功能，借助 Caffe 框架和 Python 语言实现图像识别程序编写、识别结果传输等功能，借助 OpenCV 框架实现视频流捕捉、视频流关键帧截取、视频流关键帧存储、摄像头捕捉等功能。

机器人视觉模式识别技术是一项综合性技术，融合了不同领域、不同学科的知识和技术，如机器学习、深度学习、机器视觉和人工神经网络等。模式识别指的是分析和处理不同形式的用于表示事物或现象的信息，并借此实现对该事物或现象的描述、辨认和分类。

机器视觉的图像识别过程与人眼识别图像的过程十分相似，模式识别也是如此。具体来说，模式识别是图像识别过程中的重要环节，随着计算机、人工智能等技术的发展和应用，人眼模式识别已经无法满足生活的需要，人们需要利用计算机的模式识别代替人眼对数据进行分类。从实际作用流程来看，在图像识别之前，机器视觉需要通过去除噪声、统一图像尺寸、提高图像清晰度和几何校正等方式来进行图像预处理，防止噪声、几何形变和色彩失调等问题影响识别效率和识别精度，为后期的图像识别工作提供方便。

对各个行业来说，利用机器人代替人类处理各项图像信息，既能够将人力从重复烦琐的图像处理工作中解放出来，也能够提高图像处理的效率和精度，同时机器人还可以通过深度学习来提升自身的感知识别能力，有效解决噪声、图像偏离度等问题，通过多次迭代和反复调优实现对图像的修正，从而在最大限度上提取图像特征。

图像分割技术在机器人视觉方面的应用能够精准区分识别对象和图像背景，并对二者进行分离，利用标签来标注出经过分离的识别对象，从而大幅提高图像识别的精准度。

机器视觉图像识别架构大多为客户机 / 服务器模式（client-server，C/S），从架构上来看，机器视觉图像识别系统主要由服务器端、图像感知端、图像传输子系统、图像识别子系统、视频图像采集端和模拟训练生成平台等部分构成。

一般来说，机器人的空间十分有限，无法装配大型计算机设备，也难以完成数据计算量较大的图像识别工作，而 C/S 结构可以支撑机器人在后台或云端处理各项数据，提高机器人的计算性能和计算速度，帮助机器人解决数据计算问题。具体来说，机器视觉系统的单元分割如图 4-11 所示。

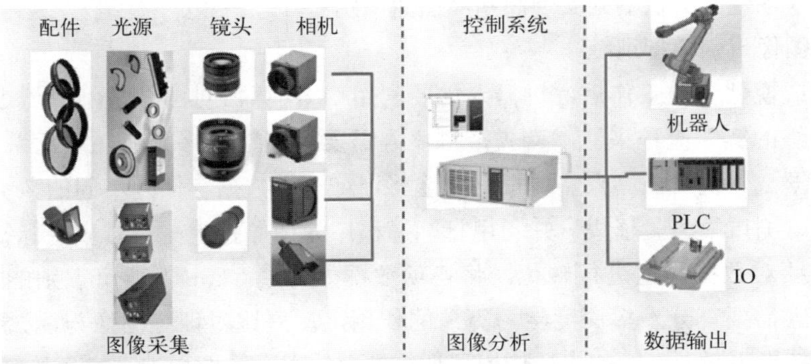

图 4-11 机器视觉系统的单元分割

（1）图像采集方法

在图像采集方面，机器视觉采用了 OpenCV 框架，可以充分发挥 C 语言编程的作用，实现视频流捕捉、视频流关键帧截取、视频流关键帧存储和客户端摄像头捕捉等功能，以便利用机器人中装配的摄像头获取视频图像信息，并对这些视频逐帧进行分解和存储，进而在服务端完成图像识别工作。

一般来说，每秒视频包含几十帧图像，视频存储对硬盘内存的要求较高，视频传输在网络方面的要求也比较高，为了减少内存占用和提升传输速率，机器人需要借助相关程序来限制视频存储，将视频的最后一帧作为存储对象，并向服务器实时传输图像信息。

（2）图像传输方法

图像传输对实时性的要求较高，客户端需要及时向服务器传输图像信息，服务器也要迅速完成图像信息的接收和动态识别。不仅如此，机器人还需分析图像文件的格式，掌握像素存储方式和图像文件编码规则等信息，明确文件头和文件尾的标识，并在此基础上确定图像文件传输的开始时间和结束时间，控制服务器在合适的时间点开始进行图像识别，同时也要借助 Socket 传输协议来支持客户端与服务器进行信息交互，以便充分保证图像信息传输的完整度。

4.2.4 机器人的视觉识别过程

（1）机器视觉图像识别模型构建

机器人领域的相关研究人员可以综合运用 CNN 算法和 Caffe 框架来构建、训练和优化图像识别模型。从结构上来看，卷积神经网络可分为三部分，分别为 1 层全连接层、2 层池化层和 5 层卷积层。在构建机器视觉图像识别模型的过程中，相关研究人员需要先设置好各项参数和模式，如将学习效率和 basic decay 的值设为 1，将 stride 的值设为 4，将 weight filler 类型设为 Gaussian，并选择最佳算法，防止出现过拟合问题，以便支持机器人实现高精度图像识别。

（2）图像识别模型训练

在完成模型构建工作后，机器人需要利用 CNN 算法对图像识别模型进行训练。从模型训练的实际流程来看，首先，机器人需要利用数据采集程序广泛采集各项训练图像数据；其次，机器人需要根据用途将训练图像数据存储到不同的数据集当中，如训练集、测试集、验证集，并利用打标签程序为图像打上与之对应的标签；再次，机器人需要对数据类型进行转化，将各项数据处理成 Caffe 框架可识别的数据；最后，机器人需要充分发挥深度学习算法的作用，反复比对训练图像与测试图像，并根据比对结果不断调参，找出最佳模型训练参数，以提升图像识别模型的精准度。

验证集中的训练图像数据主要用于验证模型识别效果，一般来说，当模型的识别精准度达到 100% 时，机器人会停止模型训练，并利用训练好的模型来处理各项图像识别任务。

（3）模式识别

在模式识别环节，首先，机器人需要在服务器端接收来源于客户端的实时图像，并对这些图像进行识别；其次，机器人需要借助 Caffe 框架来读取图像中所传达的信息；最后，机器人还需根据实际情况对卷积神经网络的权重、学习步长（learning rate）、迭代次数和测试集大小等参数进行调整，确保模型能够达到图像识别方面的要求。

具体来说，在神经网络中，卷积层可以帮助机器人掌握图像特征信息；池化层能够帮助机器人降低计算难度，提升平移不变性和旋转不变性；全连接层能够帮助机器人整合各项图像信息；归一化层能够有效避免出现梯度消失和梯度爆炸的问题。

在进行模式识别的过程中，机器人可以利用分类算法对测试图像与训练图像之间的相似度概率进行计算，找出其中的最大值，并将这一图像类别作为识别结果传输到客户端。

在图像识别方面，摄像头像素是影响图像识别精度的一项重要因素。对机器人来说，若自身所装配的摄像头像素较低，将会导致图像识别难度上升。由此可见，为了降低图像识别难度，相关研究人员需要为机器人装配高清摄像头。

在图像传输方面，机器人应明确图像文件的头和尾，并在完成传输后向客户端发送相应的通知信号。

在模型调优方面，学习率会影响机器人的识别精度，学习步长会影响模型迭代时间。若学习率过高，机器人的识别精度将会下降；若学习率过低，模型可能会出现局部最优的情况；若学习步长过短，模型迭代时间将会延长；若学习步长过长，模型可能会出现错过最优点的情况。

由此可见，为了精准高效地找出最优点，相关研究人员在模型调优环节需要合理调整学习率和学习步长。除此之外，相关研究人员还可以利用激活函数来提高模型训练速度和稀疏数据精度，也可以通过增加 Dropout 的方式来防止出现过拟合问题。

4.3 机器视觉图像识别的方法

4.3.1 统计法

图像识别即通过算法对所获取的图像进行扫描，提取出不同区域的特征并对其进行分类。具体来说，图像识别的方法主要包括统计法、句法识别法、神经网络方法、模板匹配法、霍夫变换法、深度学习法、Blob 分析法等。

下面我们首先对统计法（statistic method）进行简单介绍。该方法的基础逻辑是从统计学角度对图像数据进行总结归纳，挖掘同类型图像的共性信息及判断依据，以之作为判断原则对图像进行识别，此类识别方法以数学决策理论作为基础算法支撑，因此具有良好的识别精度。

贝叶斯（Bayes）模型和马尔可夫随机场（Markov random field）模型是该方法下常用的两种识别模型。其中贝叶斯模型虽然应用较广，但存在一定的局限性，主要表现为该决策规则虽然能够使用足够的理论支撑解决最优分类器的设计问题，但该模型在应用过程中却产生了另一解决难度更大的问题，即概率密度估计问题。

此外，由于这一模型以严谨的数学理论为支撑，其关注点偏向于计算的严密性而无法估计待识别图像的空间结构关系，当面对较为复杂、多元的图像时，特征提取将面临海量特征样本，分类也难以进行，尤其是针对指纹、染色体等结构特征明显的对象，统计法将难以发挥作用。

4.3.2 句法识别法

句法识别法（syntactic recognition）是在统计识别的基础上拓展而来的，在统计法的应用场景之下，数值是图像特征的呈现形式，而句法识别法则是以符号代替数值进行图像的特征呈现。该方法借鉴了语言学将句子划分为词、短语、从句等层次结构的描述方式，对复杂图像进行拆解，使用更小的描述单元对其进行分层描述，将复杂图像简化为多个简单图像进行处理，重点关注被识别图像的空间结构关系信息。

模式识别以统计方法为基础，并通过对句法方法的借鉴扩大了模式识别的覆盖范围，使其功能由图像分类拓展至景物分析与物体结构识别。但是此种识别方法对图像质量要求较高，当图像失真严重或信噪比过低时，该方法难以精准地对子图像（基元）进行捕捉，会产生较大的误差。

4.3.3 神经网络方法

神经网络方法（neural network）是指将神经网络算法作为识别工具进行图像识别的方法。如同人脑由大量神经元构成，神经网络在结构设计中也使用了大量的初级处理单元充当神经元的角色，根据整个模型的设计原则对这些“神经元”进行串联，即可形成能够对各类复杂信息进行学习和处理的网络系统，作为人脑神经系统的拟化模型，神经网络算法的运作原理与人脑神经网络系统的信息处理模式相似，如图 4-12 所示。

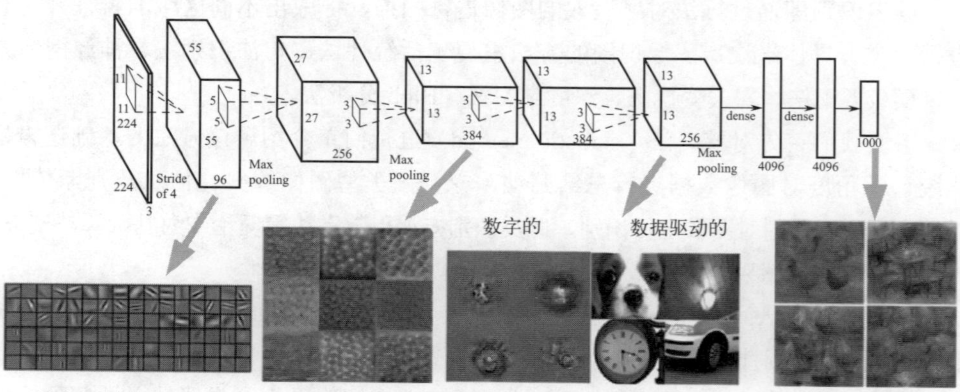

图 4-12　神经网络方法示例

句法识别法侧重于模拟人类由语言符号搭建起的逻辑过程，神经网络则更注重人类整个认知链路的再现，通过模拟神经信号的输入与传递、形象思维的形成、分区记忆以及抽象与归纳过程，与句法识别法形成互补关系。

神经网络的非线性映射和组合能力能够使之逼近任意函数，同时该模型具有近似于人脑的大规模并行分布式存储、自组织自学习等能力，因此适合处理涉及参数较多、信息熵较高的复杂问题。但在具体实践中，神经网络方法存在收敛速度慢、训练成本高、训练周期长且识别精度有限等问题，泛化性有待进一步提升。

4.3.4 模板匹配法

模板匹配法（template matching）是一种基础的图像识别方法，模板即使用数值串或符号串预设的特征参照组，因此可以将其理解为由统计法或句法识别法衍生出的特殊算法。模板匹配的根本逻辑在于将已知物体的信息预设为参照组，将未知物体与之比对，若相似度达到一定值，则未知物品被判定为其所对应的模板，如图 4-13 所示。

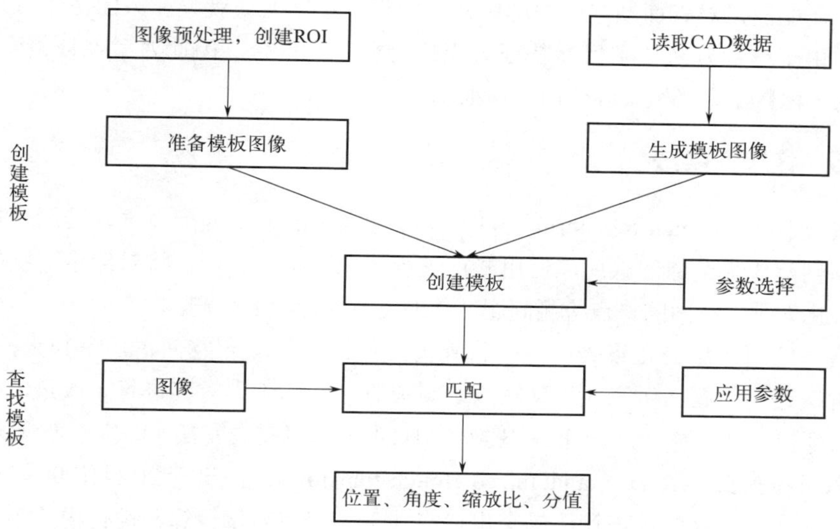

图 4-13 模板匹配法的基本流程

模板匹配法虽复杂度不高，但其应用有一定的局限性，这主要是因为为了保证物体检测精度，需要对已知物体的各个指标进行穷举，这将会产生海量的特征数据，存储与计算成本较高。同时，已知模板决定着此方法对物体的识别结果，若已知物体模板出错，则识别结果也将相应地出现错误。

此外，图像可能存在失真、边缘模糊等问题，这些都会在一定程度上对模板比对造成影响，因此该方法在面对复杂的图像时难以保证其结果绝对精确。通常在判断过程中，需要对图像上每一点与模板的匹配度进行计算，若达到某一匹配值则表明图像中存在目标检测物。

传统的图像匹配方法的匹配度是通过互相关计算获取的，此外，利用绝对差的平方和也可进行不匹配度的计算，但通常情况下这两种方法计算出的结果无法双向验证，因此需要引入几何变换匹配方法以保证计算结果的精度。

模板匹配法在图像识别中应用广泛，作为一种利用模板图像与目标图像进行比较，从而快速定位并识别特征点的目标识别方法，其核心就是将模板特征与目标图像的特征匹配在一起。模板匹配的过程是在目标图像中寻找大小、朝向、分布都与模板相同的区域，需要通过测算图像的整体亮度、清晰度、离散程度等数据，找到目标后，得出其坐标。

但这一识别方法也存在一定的缺点。首先，使用模板匹配进行模板识别的前提就是模板必须真实存在于物体图像中。因此，若模板的像素发生变化，或模板图像整体旋转后，模板无法在图像中找到，也就无法完成匹配过程。

由于模板可以在图像中精准定位，模板匹配法的识别精准度通常比 Blob 分析法更高，还能满足对表面缺陷分类的需求。模板匹配的实质就是在大图像中搜索模板特征，由于这种方法要求目标特征与模板特征高度重合，因此为了保证搜索效果，拥有的图像数据库必须足够全面、精细。

4.3.5 霍夫变换法

霍夫变换（Hough transform，HT）是一种高效的形状匹配技术，其原理是在霍夫空间创建模板图像的映射，使用峰点进行图像的特征表示，将对给定形状的识别问题转化为霍夫空间的峰点检测问题，从而支持对形状的检测。

这一检测方法具有较强的抗干扰能力。但是计算量和空间占用率较大，因此，为了解决这一问题，研究人员又在原始霍夫算法的基础上对其进行了改进，拓展出了霍夫变换（FHT）、自适应霍夫变换（AHT）及随机霍夫变换（RHT）等检测方法。其中随机霍夫变换 RHT（randomized Hough transform）提出于 20 世纪 90 年代，是一种灵活的变换算法，该算法的突出优点在于能够在简化运算、优化内存容量的基础上加快计算速度，同时能够实现变换空间内的分辨率不受空间大小的限制。

4.3.6 深度学习法

机器视觉因其高精度、高效率、多功能的优势，在很大程度上取代了人工，成为智慧工厂的标准配置。传统人工在完成目标识别任务时，需要使用人眼、依靠经验对工件的尺寸、颜色、形状等特征进行判断，这种识别模式能够满足单一生产线上的要求，但也存在各种误差，如果工件的型号、位姿发生改变可能导致工人判断失误。由于实际生产内容不断变动，工人需要在频繁的生产调整中及时摸索出新的判断规则，这又会导致工作效率低下，造成各种各样的不便。

而随着深度学习的不断拓展，机器对于数据的处理、利用能力不断增强，能够很好地解决这一难题。如零件表面细微的破损、轮廓略微的不规则，人眼可能无法分辨，机器却能通过与图像数据库的比对进行识别。与人工相比，机器视觉能够基于识别过程建立图像数据库，对图像数据库进行分类，不断完善分类模型，从而取得比人工更可靠的识别效果。

Region-CNN 是一种将深度学习技术应用于目标检测的算法，这种目标检测方法在提取图像特征时更为准确，工作效率也更高。2012 年，最早出现使用神经网络而非人工提取目标特征的案例，从此，不断有人开始试图使用深度学习技术进行目标检测。使用卷积神经网络提取特征时，不但能够提取视觉特征，还能够提取属性、概念等更难理解的特征，甚至能够将单个图像中的多个特征识别出来，对于图像中信息的利用程度更高，如图 4-14 所示。

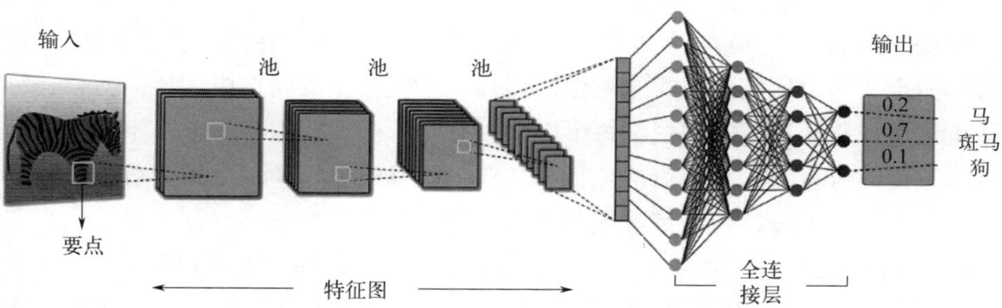

图 4-14 基于深度学习的图像识别示例

使用深度学习技术的目标识别算法有两种：

① 第一种是使用区域生成网络获取目标区域，再对其进行分类的两阶目标检测算法；

② 第二种是不生成目标区域，直接给出坐标与分类的一阶目标检测算法。

使用机器视觉技术识别目标物体的最关键的问题就是定位目标，测算目标的大小并进行分类。在识别目标物体的过程中，可能会出现如单个图像中有多个目标物体、不同物体之间位姿不同、图像受不同环境条件影响等情况，这对识别算法的要求比较高。深度学习应用于目标识别后，对于目标的特征提取主要形成了两种方法。其中，twostage 算法主要有 R-CNN 和 Faster R-CNN 等，这类算法需要先在图像中生成预选框，将疑似目标物体划分出来后进行特征识别；onestage 算法主要有 SSD 和 YOLO 系列等，这类算法不进行区域筛选，直接在物体图像中进行目标定位，得到坐标并进行特征分类。

twostage 提取特征离不开 CNN 的帮助，使用 CNN 提取重要的特征后，就能将其所在的区域划分出来，建立候选框。如 R-CNN 算法，通过选择性搜索建立目标候选框，随后在这些候选框中提取目标特征。由于不同候选框之间无法在不改变权系数的情况下处理数据，因此很多计算都是重复的，进而导致 R-CNN 存在模型训练速度慢的缺点。

SPP-NET 与 R-CNN 的不同之处在于，SPP-NET 不会对每一个目标都进行卷积运算，而是不生成候选框，直接将整个原始图像作为候选框进行卷积运算，提取原始图像的目标特征。为了提取整张图像的特征，SPP-NET 相比 R-CNN 增加了空间金字塔池化层，通过全连接层使其与最后一个卷积层连接在一起。

Faster R-CNN 则参照了空间金字塔池化层，增加了兴趣域池化层。兴趣域池化层会收集区域生成网络生成的候选框坐标，并将其从 feature map 中提取出来。通过统一分割所有候选框，并进行最大值池化，可以将所有目标特征转化为向量。这一过程也存在一些弊端，如最大值池化会遗失目标特征的位置信息，以及生成候选框相比 SPP-NET 速度更慢。

Faster R-CNN 进行目标检测的过程是先向卷积神经网络中输入原始图像，提取的特征图会传递给区域生成网络和全连接层，在区域生成网络中，特征图会在每个特征点上生成 9 个不同的锚框，每个锚框和真实特征点的重合程度都不同，通过判断重合程度，可以明确特征点的位置。在向前传播的过程中，损失函数会预测锚框与真实值之间的差异，从而训练区域生成网络，并不断修正感兴趣区域。但也应注意，在 Faster R-CNN 的过程中，区域生成网络会首先筛选一次特征，将感兴趣区域和背景分隔开，此时是不对特征进行分类的；在全连接层中，生成的带有坐标的特征图又会进行一次回归，完成特征分类。两个回归步骤会导致生成模型的空间复杂度较高。

相比 Faster R-CNN，Mask R-CNN 增加了掩码步骤，在每一个感兴趣区域中加入一个二进制数的掩码。由于 Faster R-CNN 的兴趣域池化层会将每个预选框的尺寸统一，特征映射到原始图像中就会发生像素错位。虽然对目标检测工作不会造成很大的影响，但在区域分割时却会由于像素错位而产生很大的误差。Mask R-CNN 的双线性内插，即在不同的方向做线性插值运算，就可以应对像素错位的问题。但 Mask R-CNN 的本质依然是 twostage，感兴趣区域会在显存与内存之间往返，导致速度不可避免地变慢。

onestage 的检测过程全部在卷积网络中进行，不使用区域生成网络，将目标特征提取出来后，直接对特征进行分类并实现定位。从原理上看，onestage 的速度更快，而早期的 onestage 方法识别精准度略低，但随着技术的不断更新与迭代，如今的 onestage 方法有着更高的识别准确率，可满足高速度、高精准度的要求，在很多实际应用场景中成为首选。

YOLOv1 的检测方法是将图像尺寸调整为 448×448，并划分出 7×7 个大小均等的栅格，在每个栅格中都会预测两个边界，若目标中心落在栅格内，该栅格就预测该目标。两个锚框的类别相同，也就是每一个栅格只负责预测一个类别的内容。如此一来，YOLOv1 的输出结果就是 7×7（栅格）×2（锚框）×5（4 个坐标量＋ 1 个置信值）+ 7×7×20（YOLOv1 所能预测的最大类别数量）的张量。YOLOv2 则是将图像分割为 13×13 个栅格，每个栅格中设置 5 个锚框，且每个锚框都可以预测不同的类别。预测每个锚框与栅格之间的重合程度即可定位目标。

SSD 沿用这种对原始图像划分栅格的做法，不同的是，SSD 从 6 个卷积层中提取目标特征，卷积层越低预测目标越小，卷积层越高预测目标越大，因此 SSD 检测不同尺度目标的结果更精准。

YOLOv3 依旧将原始图像划分为 13×13 的栅格，但每个栅格中设置 3 个锚框。YOLOv3 使用的是 darknet 网络的前 52 层，且利用残差网络解决映射过程中梯度爆炸或消失的问题。一般通过降采样，即隔一定数量的采样点抽取一个数值，来减轻池化层对梯度的影响。在 YOLOv3 中，通过上采样将深卷积层中的特征提取并放大，达到与浅层相同的程度，但深层网络与浅层网络的独立信息通道数不同；再在通道维度上完成特征图拼接，将各个尺度的特征图拼接为更宽的特征图，其中用来分类与定位的模块也都位于卷积层内。

目前，YOLO 系列已更新迭代至 YOLOv11，其间，引入了包括 CSP 模块、SPP 模块、ELAN 模块、PSA 注意力机制、PANet 颈部网络等高性能组件，优化了激活函数、标签分配策略、损失函数等模型的必备操作，使其成为可以同时保持高精度和高实时性的检测算法。在 YOLOv11 中，通过引入多头注意力机制、深度可分离卷积等模块，其骨干网络和颈部网络的特征提取能力得到加强，可有效应对多种复杂任务，并且在不影响精度的前提下，减小模型所需参数量，提高计算效率。同时，其提供了不同模型大小尺度的版本，以便无缝部署在包括边缘设备、云平台和支持 NVIDIA GPU 的系统等各种环境，并且可有效完成目标检测、实例分割、图像分类、位姿估计等多重任务，向“图像处理大一统”的方向不断迈进。

此外，随着基于 Transformer 的模型在自然语言处理领域取得重大突破，其强大的全局信息感知能力有望弥补上述基于卷积神经网络的算法固有的不足，因此，许多基于视觉 Transformer 的目标识别算法被相继开发，如 DETR、Swin Transformer、Deformable DETR、RT-DETR 等。它们往往采用解码器 - 编码器结构，引入多层自注意力机制来进行特征建模，并通过可学习的查询向量直接预测目标物体的位置和类别等信息，强大的全局上下文信息理解能力使其在密集、遮挡、动态变化等复杂场景中表现突出。虽然上述基于视觉 Transformer 的算法展现出不俗的检测性能并有着代替卷积神经网络的巨大潜力，但其计算资源消耗大、推理时间相对较长等缺点限制了其在诸多场景中的应用。

现如今，基于深度学习的目标识别算法已经完成了多次迭代，检测精度与速度均有了显著的提高，技术越来越完善，基准越来越先进，应用越来越广泛，也将随着物理平台的拓展而不断衍生出新的应用形式。

如何通过恰当的表示来简化机器的学习过程，极大程度上影响着学习效果。监督学习是前馈神经网络的一种算法，其参照标注数据完成预设的任务，而对特征进行分类正是其中的一种。在目标识别领域，Blob 分析法与模板匹配法都是通过手工对原始数据进行处理从而完成后续任务，而 CNN 是通过神经网络算法处理原始数据，不但效率更高，而且对生产者专业知识的要求也更低。识别的效果取决于图像数据的质量和特征，随着机器深度学习能力的增强，对原始数据的处理能力也会增强，目标识别的效果也会越来越好。

深度学习法的应用不仅限于制造业生产，其对于样本的理解和分析能力，使得其在智慧物流等行业中同样有着广泛的应用。如通过机器识别物流包裹上的信息；又如在物流线中根据要求识别并抓取包裹；识别包裹上的地址信息，完成分拣等过程。

总之，深度学习及其衍生技术是未来人工智能的重要发展方向，机器对于复杂语义的理解能力将越来越强，对于图像中的物体分类水平将越来越高，机器也会不断被赋予新的能力，持续改变人类的生活。

4.3.7 Blob 分析法

Blob 指的是将图像中特征相似、空间上相邻的像素区块作为单个检测对象，每个区块中的像素灰度值都基本相同，说明该图像区域所代表的物体表面特征基本相同。Blob 分析（Blob Analysis）是将灰度图像变为二值图像，让图像中所有像素区块的灰度处于设定的最大值与最小值之间，从而得到灰度区块，所有区块的集合平铺整个图像。不同区块之间有时会出现“灰度突变”的情况，说明该区域可能存在表面瑕疵。

一般来说，“灰度突变”不会发生在近似光滑的材料表面，只会存在于有瑕疵的物体表面生成的图像中。这是由于当材料在生产流水线上因各种外力而发生表面性质改变时，其对应的光学图像也会发生变化。如因温度不均造成的表面凹凸，在图像中表现为或明或暗的斑块；因切割不当产生的划痕，在图像中表现为细长的深色区块；反应不充分或混入杂质，在图像中则表现为异色斑点。将图像分割后，经图像处理得到二值图像，并将灰度级别不同的色块划分出来，这就是 Blob 分析的过程。

利用 CogBlobTool 等工具，可以将与图像背景整体存在差异的像素区块提取出来，提取区块不仅能够统计其个数、坐标、轮廓、体积等基本信息，还能得到不同区块间的物理布局。因此，在编辑处理图像时，可以通过游程编码的方式，将行方向上灰度值相同的像素直接用个数串联表示，如行方向上有 a 个灰度值为 b 的像素，可直接表示为（a，b）。相比直接处理每一个像素，这种操作方式的效率更高。

Blob 分析是应用最广的目标识别方法，适用于高对比度的物体二维表面图像，通常用于检测目标是否存在，以确认某些工序是否完成，或识别物体表面缺陷，以保证生产的质量。由于玻璃、机械零件、胶囊等一些材料的表面图案较少、色块单一，因此其表面缺陷与背景的对比度往往较高，十分适合这种操作简便、置信度高的目标识别方法。

使用 Blob 分析寻找前景色块对应用场景有一定的要求：首先，材料的表面颜色必须单一，以区分背景和前景；其次是识别目的，只寻找目标缺陷而不进行分类；最后是对识别的精准度不做特别要求。

第 5 章

目标检测与跟踪技术

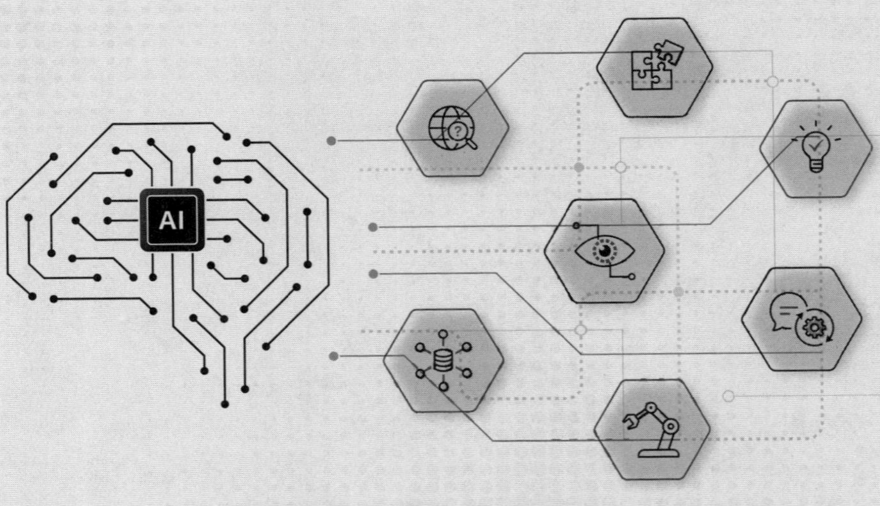

5.1 基于深度学习的目标检测算法

5.1.1 运动目标检测图像处理及算法

机器视觉能够利用光学装置和传感器设备感知和采集物理实体的数字图像，并借助芯片、计算机和相关应用软件来模拟人的思维模式，实现对这些数字图像的判读。现阶段，机器视觉技术已经被应用到测量、控制、检测等多种工作当中。未来，机器视觉将与快速发展的芯片技术相融合，并逐渐被应用到人工智能等多个领域当中，为各个领域的发展提供助力。

对人工智能来说，机器视觉是其感知外部世界的工具，而图像处理技术则影响着机器视觉的应用效果。各个领域具有不同的特点和应用需求，因此在实现机器视觉的过程中通常需要使用不同的图像处理算法。目前来看，运动目标检测算法、基于深度学习的人脸算法等都是机器视觉领域常用的图像处理算法。

机器视觉中的运动目标检测图像算法可以实现对运动物体的识别和跟踪。当视频图像中的物体处于运动状态时，背景环境既可能处于静态，也有可能处于动态。其中，对静态背景下的运动物体的检测为静态背景检测，对动态背景下的运动物体的检测为动态背景检测。

具体来说，动态背景检测涉及许多高层次视觉处理；静态背景检测算法主要涉及帧间差分法、背景减除法和光流法等算法，这几种静态背景检测算法的优缺点分别如表 5-1 所示。

表 5-1　静态背景检测算法的优缺点对比

算法	优点	缺点
帧间差分法	能适应环境变化，计算相对容易，稳定性好	容易产生空洞现象，无法检测静止目标
背景减除法	速度快，能检测静止目标，准确性高	对光照比较敏感
光流法	适用于运动环境中的物体检测，能直接计算运动信息	计算量较大，实时性较差

根据对各项算法的优缺点的分析可知，帧间差分法和背景减除法适用于检测和处理各类背景静止的图像，如视频监控、智能交通系统等；光流法适用于检测和处理各种背景动态变化的图像。

（1）帧间差分法

帧间差分法具有计算量小、稳定性高、适应能力强等诸多优势，目前已经被广泛应用于涉及运动检测的各个领域。从作用原理上来看，帧间差分法需要采集图像序列中各帧图像像素点的灰度值数据，并在相邻两帧或三帧的数据之间做减法，计算出灰度值的差值，若差值超过既定阈值，那么就可以证明该处物体处于运动状态，灰度值变化的这部分像素就是运动目标区域，若差值未超出既定阈值，那么就说明该物体处于静止状态，此外，帧间差分法还可以在此基础上对灰度图像进行二值化分析，并采集目标运动信息，明确分辨前景图像和背景图像，以便从中识别出运动目标。

（2）背景减除法

背景减除法与帧间差分法十分相似，可以通过计算当前帧图像与背景模型之间的差值的方式来检测出运动目标。从实际作用原理上来看，背景减除法需要先保存背景模型，再采集帧图像和背景模型在待测帧处的图像的实时灰度值，并对这两项数据做减法，进而实现对运动目标的检测。

（3）光流法

光流法是一种物体运动检测和分析技术，能够采集图像序列中像素在时间域中的变化情况和相邻帧之间的关系等信息，并在此基础上进一步明确相邻帧之间物体的运动情况。从原理上来看，在监控场景中，当目标处于运动状态时，物体表面存在位移矢量场，运动目标的速度矢量具有均匀的特点，能够以投影的形式呈现运动信息，光流法可以根据这些运动信息来了解各个运动目标的速度，并根据位移矢量场的变化检测出运动目标。

近年来，互联网技术飞速发展，为图像信息在云端的计算和处理提供了支持，但云计算对网络带宽和云服务器计量的要求极高，为了推动视频图像处理技术算法实现大范围普及应用，相关研究人员需要为此开发机器视觉芯片，借助芯片来增强信息处理能力，降低成本。

就目前来看，计算机视觉已经成为人工智能的重要发展方向，在技术进步的支持下，机器视觉芯片和深度学习算法快速发展，并逐渐被综合运用到多个行业当中。

5.1.2 基于候选区域的目标检测模型

2013 年，Facebook 人工智能研究院的研究科学家 Ross Girshick 及其团队提出了 R-CNN 图像目标检测模型，该模型融合了候选区域网络（region proposal networks，RPN）和卷积神经网络（convolutional neural networks，CNN），能够在工业级图像目标检测中发挥重要作用，同时也为基于 CNN 图像目标检测的发展提供了支持。

具体来说，R-CNN 结构如图 5-1 所示。

从作用过程上来看，首先，R-CNN 会利用选择性搜索方法在输入的图像中提取出 2000 个候选区域，利用剪裁和变形的方法将候选区域的尺寸设定为 277×277，确保候选区域可以适应全连接层的输入，利用 CNN 前向传播来对这些候选区域进行特征计算，获取其特征向量；其次，R-CNN 会在特定线性分类器中录入各个候选区域

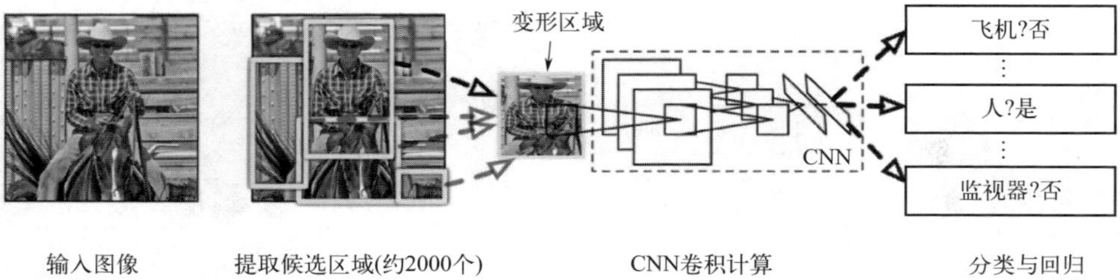

图 5-1 R-CNN 结构

的特征向量，以便将这些特征向量划分为不同的类型，并实现对概率值的预测；最后，R-CNN 还要充分发挥非极大值抑制（non-maximum suppression，NMS）算法的作用，对多余的目标框进行消除，并找出最好的预测位置。

R-CNN 图像目标检测模型的应用在一定程度上促进了基于深度学习的图像目标检测算法的发展，且将 VOC2007 数据集的平均精度值（mean average precision，mAP）拉到了 58.5%，将 VOC2012 数据集的 mAP 拉到了 53.3%。但受剪裁和变形等因素的影响，输入图像可能会出现信息丢失、位置信息扭曲等情况，进而导致识别精度下降。除此之外，反复调用 CNN 计算卷积特征也会增加计算量和计算时间，进而导致图像目标检测速度受到影响。

R-CNN 要求输入图像必须为固定尺寸，且存在检测速度慢等不足之处，难以广泛应用到各类场景中。针对这一问题，何凯明等学者提出了 SPP-Net，这种模型的应用不受图像大小的限制，且输出图像固定长度的网络结构，即便图像存在变形等情况，也可以实现稳定检测，如图 5-2 所示。从实际作用过程上来看，首先，SPP-Net 会对整个图像的卷积特征图进行计算，然后，充分发挥选择性搜索方法的作用，从输入图像中提取出候选区域，最后，SPP-Net 会以金字塔池化（spatial pyramid pooling，SPP）的方式对特征图中与候选区域相对应的位置上的窗口进行处理，获取固定大小的输出。

SPP-Net 具有多尺度输入卷积计算功能，能够保留图像底层信息，并在测试时将 VOC2007 数据集的 mAP 拉到了 59.2%，拥有远高于 R-CNN 的速度，且无须反复使用 CNN 计算卷积特征，也不用对输入图像进行剪裁和变形处理。R-CNN 和 SPP-Net 在 VOC2007 数据集中的 mAP 均可达到较高水平，但这两种模型在进行图像目标检测时需要将分类和回归分成多个阶段，因此对硬件资源的占用较多。

2015 年，部分研究者提出了 Faster R-CNN，该模型是一种快速的基于区域的卷积网络模型，能够充分发挥选择性搜索方法的作用，从输入图像中提取出候选区域，通过卷积计算的方式对输入到 CNN 中的统一格式的图片进行处理，并将金字塔池化的思想融入图像目标检测当中，利用最大值池化层 ROI pooling 来对卷积特征进行处理，获

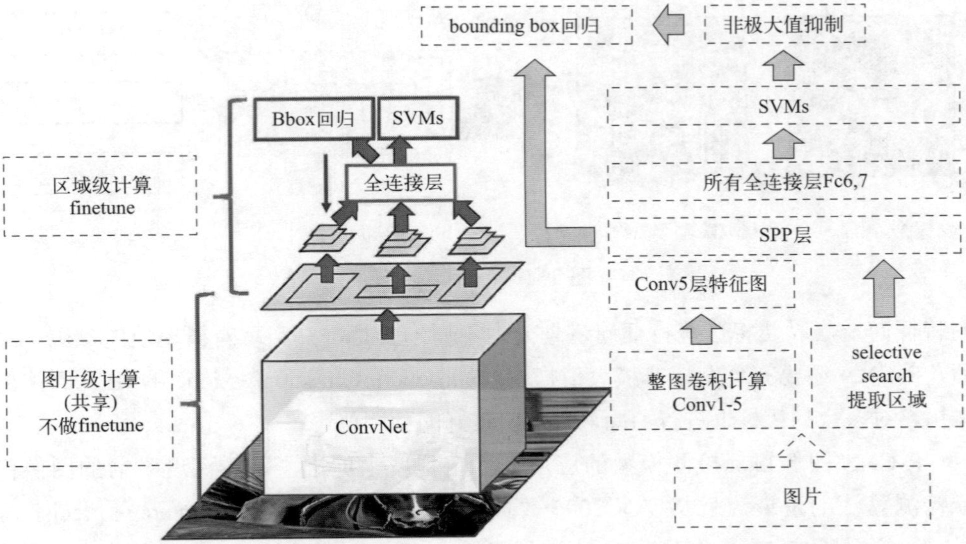

图 5-2　SPP-Net 网络结构

得固定大小的ROI特征，再将其输入到全连接层当中，从而实现目标分类和位置回归。

Faster R-CNN 采用了多任务训练模式，可以利用 softmax 完成原本由支持向量机（support vector machine，SVM）负责的分类任务，同时在网络中对分类和回归进行训练，利用并行全连接层同时输出分类和回归结果。

Faster R-CNN 在一定程度上减少了对硬件资源的占用，大幅提高了检测速度，将在 VOC2007 数据集中取得的 mAP 拉到了 66.9%，将在 VOC2012 数据集中取得的 mAP 拉到了 66.0%，且可以进行端到端的图像目标检测，但同时 Faster R-CNN 也存在不能实时检测的缺陷。

为了实现实时检测，Ren 等研究者对 Faster R-CNN 进行优化升级，创新性地提出了区域提议网络（region proposal networks，RPN），该网络以 Faster R-CNN 模型为基础，能够利用 RPN 代替 Faster R-CNN 中的选择性搜索方法，从输入图像中提取出候选区域。

RPN 是一个全卷积网络，可以同时在各个位置上实现对目标边界和目标概率的预测，并提取出高质量的候选区域，利用 ROI pooling 对卷积特征进行处理，以便获得固定大小的 ROI 特征，并将其输入全连接层，进而实现目标分类和位置回归。

RPN 和 Faster R-CNN 可以借助四步交替训练法对网络共享卷积特征进行合并，获取单一网络，从而打破区域计算的限制，在实现端对端训练的同时实现实时检测。

2017 年，相关研究者在 Faster R-CNN 基础上提出了 Mask R-CNN 目标检测模型。具体来说，Mask R-CNN 可以将全卷积神经网络（fully convolutional networks，FCN）

融入 Faster R-CNN 的候选区域中，并借此生成各个候选区域的掩膜，同时也可以对 Faster R-CNN 进行调整，将 RoI pooling 改为 RoI Align，并借此解决掩膜与原图中的物体不对齐的问题。

在训练过程中，Mask R-CNN 可以同时生成掩膜、目标边界和目标概率；在预测过程中，Mask R-CNN 需要在掩膜预测中输入目标边界和目标概率，并生成最后的掩膜，因此类别间竞争优势较弱，能够将 MSCOCO 数据集中的 mAP 拉到 35.7%，实现更好的检测效果。

5.1.3 基于回归的图像目标检测模型

（1）YOLO 及扩展模型

检测精度和检测速度是图像目标检测模型的两个衡量标准，相关研究人员可以按照这两项标准来对模型的好坏进行判断。

2016 年，相关研究者提出了 YOLO[1] 检测模型，该模型可以将图像目标检测转化成回归问题，并检测完整图片，实现对目标的边界框和类别的直接预测，从而达到简化检测任务操作流程和提高检测效率的目的，如图 5-3 所示。具体来说，检测网络会将输入图片分成 $s \times s$ 个网格，各个网格对落在该网格内的目标进行检测，进而实现对网格类别信息、网格边界框和边界框置信度的预测，同时也可以设定阈值，并借此对边界框进行筛选，保留置信度较高的边界框进行非极大值抑制（non-maximum suppression，NMS）处理，以便确定最终检测结果。

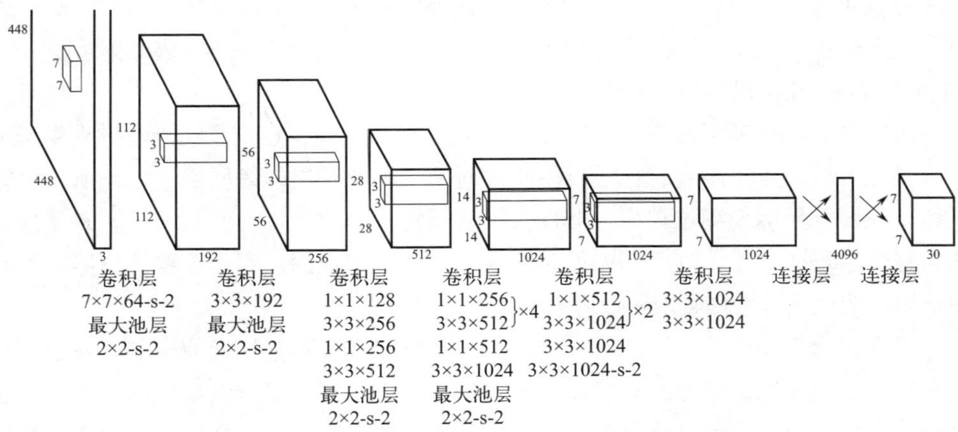

图 5-3 YOLO 检测模型的网络结构

YOLO 检测模型不仅可以实现实时检测，还能够将检测速度提升到 45f/s，但其最终的输出只有置信度最高的边界框，因此每个网格只能检测出一个物体，导致

[1] YOLO: You Only Look Once 的缩写，是一种用于目标检测的深度学习模型。

YOLO 检测模型在 VOC 数据集中的 mAP 只能达到 66.4%，且难以在检测紧邻群体目标或小目标时发挥作用。

为了提高 YOLO 目标定位的准确性，相关研究者提出了 YOLO 的扩展模型 YOLOv2 和 YOLO9000。

YOLOv2 通过将批量归一化（batch normalization，BN）技术引入卷积层的方式大幅提高了模型的收敛性，并在 Faster R-CNN 思想的指导下，利用聚类方法所产生的锚框取代了 YOLO 中预测出的边界框，还通过输入高分辨率图像和迁移学习的方式增强了网络对高分辨率图像的响应能力。不仅如此，在训练时，YOLOv2 对图像的尺寸也没有硬性要求，这也有助于网络泛化能力的增强。此外，YOLOv2 还可以将 Darknet-19 网络作为骨干网，该网络包含 19 个卷积层、5 个 Max Pooling 层，可用于提高图像目标检测速度。

YOLO9000 可以看作一种融合了 YOLOv2 以及目标分类和检测的模型，该模型对 YOLOv2 的检测种类进行了丰富，能够实现对 9000 种目标的检测。

2017 年，相关研究者提出了 YOLOv3 模型，该模型参考了残差网络结构，拥有网络层次更深的 Darknet-53，能够充分发挥特征融合的作用，利用 3 个尺度各异的特征图实现图像目标检测，同时在类别预测环节还利用 logistic 来代替 softmax，进而达到多标签目标检测的目的。在图像目标检测方面，YOLOv3 模型不仅可以带来更好的检测效果，还能在边界框预测较宽松、检测精度相当时大幅提升检测速度。

目前，YOLO 检测模型已经迭代到 YOLOv11，其在检测精度、推理速度以及模型的轻量化方面都取得了大幅度的提升。此外，YOLO 各版本及其变种的检测模型已在众多机器视觉场景中得到广泛验证和应用，已成为最主流的目标检测模型之一。

（2）SSD 及扩展模型

2016 年，相关研究者提出了 SSD 图像目标检测模型，该模型在检测过程中无须生成候选区域，也不用对特征进行采样，而是在单个深层神经网络中处理所有计算任务。在图像目标检测过程中。SSD 会将目标检测问题转化为回归问题，并充分发挥特征金字塔的作用，利用不同的卷积层生成各类特征图，利用卷积滤波器实现对特征图中的默认边界框类别和位置偏移量的预测。

不仅如此，SSD 还可以利用尺度各异的特征图进行不同尺度的预测，并通过灵活设置边界框长宽比的方式来实现分离预测，进而达到提高检测精度的目的。一般来说，图像中的目标大多较为随机，且大小各不相同，因此 SSD 需要借助底层特征图实现对小目标的检测，借助高层特征图实现对大目标的检测，这种方式既提升了检测效率，也明显提高了检测精度。

2017 年，相关研究者提出 DSSD 检测模型，该模型以 Resnet-101 为骨干网，并在分类回归前引入残差模块，在 SSD 中添加辅助卷积和反卷积层，并借此进一步提高了小目标检测精度，但由于 Resnet-101 网络的深度过大，导致 DSSD 存在检测速度相对较低的不足之处。

除此之外，其他研究者还提出了 RSSD 检测模型，该模型的主干网络与 SSD 相同，且综合运用池化和反卷积两种方式实现特征融合，既能够增强各个特征层之间的关联，也能够增加各层的特征数量，这种方式可以有效解决 SSD 中的重复框问题，获得更好的小目标检测效果，但同时也存在检测速度相对较慢的问题。

2017 年，相关研究者提出了 FSSD 检测模型，该模型将不同层以及不同尺度的特征添加到金字塔特征图当中，在确保检测速度不受影响的情况下提高了检测精度。

2019 年，相关研究者将注意力机制应用到 SSD 检测模型当中，开发出了一种具备位置特征重要程度分析功能的注意力模块，实现了对有用信息的突出显示和对无用信息的有效抑制。

5.1.4 基于 Anchor-free 的目标检测模型

近年来，图像目标检测技术的发展十分迅速，各种优秀的目标检测模型层出不穷。就目前来看，基于候选区域和回归方法的检测模型的发展已经较为成熟稳定，基于 Anchor-free 的检测模型是目标检测领域中的研究重点。具体来说，基于 Anchor-free 的检测模型可分为两种类型，一种是基于关键点的检测，另一种是基于分类和回归进行改进的检测。

（1）基于关键点的检测

2018 年，相关研究者提出了 CornerNet 检测模型，在进行图像目标检测的过程中，该模型会把各个目标作为关键点，也就是目标边界框的左上角点和右下角点，并利用嵌入角点进行分组和检测。

CornerNet 检测模型会将沙漏网络作为骨干网络，并借此输出最后一层卷积特征，骨干网络与两个分支模块相连，可以实现对左上角点和右下角点的预测，且两个分支模块中含有 1 个 Corner pooling 和 3 个输出。

具体来说，CornerNet 网络结构如图 5-4 所示。

HeatMaps 为热图，可以输出预测角点的位置信息，Embeddings 为嵌入，可以在图像中存在多个目标的情况下根据左下角点与右下角点嵌入向量之间的距离进行分组，将同属一个目标的一对角点划分到相应的组别当中，Offsets 为输出从图像到特征图之间的量化误差，可以为调整预测框提供一定的支持。

若角点不在目标内，已有信息难以支撑模型实现角点定位，此时，图像目标检测模型需要利用角池化层来对边界框的角点进行定位。具体来说，该池化层是一种新型池化层，主要由两张特征图构成，能够在最大限度上放大位于第一张特征图下侧和第二张特征图右侧的所有特征向量，并对这些特征向量进行合并，进而输出最

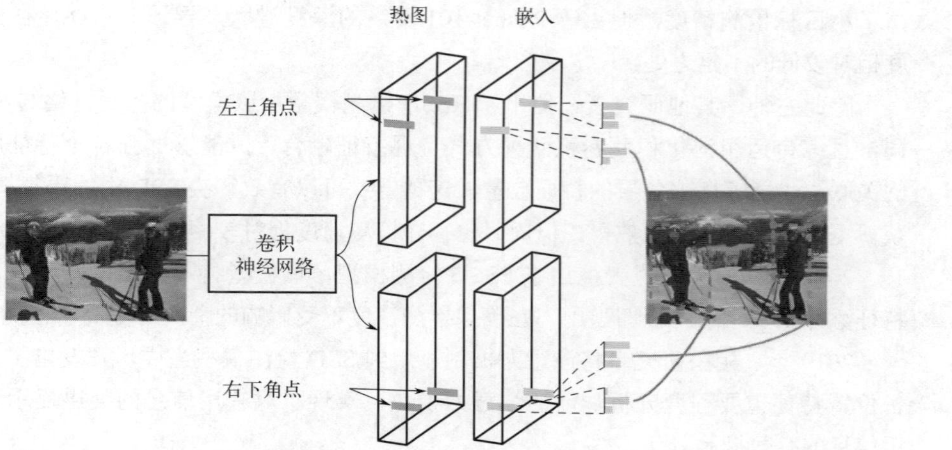

图 5-4　CornerNet 网络结构

后的角点。

CornerNet 检测模型可以降低网络输出的复杂度，消除对锚框的需要，也能够将 MSCOCO 中的 mAP 拉至 42.1%。但同时 CornerNet 检测模型也存在一定的不足之处，具体来说，当 CornerNet 将边界框的角点定位在物体之外时，目标并不会表现出强烈的局部特征，且可能会因全局信息辅助缺失，无法在匹配角点的过程中形成正确的目标框，也无法实现对两个角点是否属于同一目标的有效判断，进而导致误检率升高。

2019 年，相关研究者提出了一种基于 CornerNet 思想的检测思路，也就是 ExtremeNet。具体来说，ExtremeNet 可以充分发挥关键点估计网络的作用，对各个目标进行预测，并预测出每个目标的四个极值点和一个中心点，再提取出极值点的峰值，以暴力枚举的方式对各个组合进行计算处理，得出各个组合的几何中心点，并衡量预测出的中心点与计算出的几何中心点之间的匹配度，如果匹配度超过设定阈值，就要接受该组合，并计算出五个极值点的平均值，将这一平均值作为该组合的置信度，反之，该组合则不会被接受。

在目标检测过程中，ExtremeNet 采取了基于外观信息来估计关键点的方式，这种方式无须学习目标隐含特征，能够更好地反映物体信息，提升检测效果。

（2）基于分类和回归进行改进的检测

近年来，相关研究者不断加大对图像目标检测的探索力度，并进一步创新了基于 Anchor-Free 的目标检测模型的分类和回归方法。例如，2019 年，相关研究者提出了一种基于 Anchor-Free 的动态选择特征层的方法，从实际作用过程上来看，这一方法可以充分发挥 RetinaNet 算法的作用，构建无锚框特征选择模型（feature selective anchor-free，FSAF），在各个层次中均建立一个能够将目标分配到相应的特征级别的 Anchor-Free 分支，以便支撑目标框在各个特征层中借助 Anchor-Free 分支来实现编码和解码。

FSAF 可以与基于锚框的分支并行工作，互相协同，平行输出预测结果，充分保证 RetinaNet 算法的有效性，并打破传统网络和方法在选择特征层方面的限制，把在 MSCOCO 中的 mAP 拉至 42.8%。

当目标变化较大时，传统基于锚框的检测网络通常需要充分把握检测任务，并据此对锚框尺寸进行定义，以手工设置锚框的方式提升召回率，这种传统方法存在计算资源和内存资源占用大的缺陷，且容易进一步加重正负样本之间的不平衡。

2019 年，相关研究者提出了 FCOS 目标检测模型，该模型融合了全卷积目标检测网络，能够通过逐像素点预测的方式实现目标检测，同时也可以利用 Center-ness 分支来提升目标框的检测效果，减少检测效果较差的目标框在所有目标框中所占的比重，并充分发挥 NMS 算法的作用，得出最终检测结果。

基于 Anchor-Free 的 FCOS 检测网络能够有效减少参数计算，并在训练中多使用正样本，提高检测模型中的正负样本之间的平衡性，但受目标真实框重叠等因素的影响，这种检测方式有时会出现语义模糊的问题。

2019 年，相关研究者提出了 FoveaBox 目标检测网络，参考人类视觉系统的目标检测原理来对目标真实框进行位置变换，利用目标真实框找出目标在特征图中的中心位置，并设置两个缩放因子，其中，一个用于对目标真实框向中心点进行扩展，另一个用于对目标真实框向中心点进行收缩，同时以收缩边框的内部点为正样本，以扩展边框外部点为负样本。

该方法既能够提升正负样本之间的识别度和平衡性，也能够增强检测性能，但从检测精度上来看，稍弱于其他基于 Anchor-Free 的目标检测模型，其在 MSCOCO 中的 mAP 只能达到 40.6%。

5.2 视频目标检测与跟踪的方法

5.2.1 视频目标跟踪的基础知识

伴随着新一轮产业革命与技术变革，大数据、人工智能、物联网等前沿技术迅速发展，并加速与社会治理、产业发展与日常生活融合，诞生了技术赋能下的智慧电商、智慧城市、智慧交通，相关的应用需求与应用场景数量也迅速攀升，这些技术的应用在推动社会进步的同时也为学界、商界乃至整个社会带来了更多机遇，政府部门、高校与科研院所乃至各大企业都积极地进行相关产业的布局与投入。

其中人工智能作为新时代的引领性技术，正加速对产业、社会和生活的渗透，慢慢变革着传统的发展方式。作为人工智能领域的重要子分支，计算机视觉通过算法构建模拟人类视觉系统的图像处理模型，为人类提供智能化、自动化、高效化的图像处理、分析和识别服务。

当前，面向图像、视频等多媒体文件的计算机视觉算法已在社会各个领域获得了广泛应用，无论是小区、学校门禁场景下的人脸识别、人机交互，还是超市、自动售货机等场景下的商品检索、视觉导航等，都能看到它们的身影，而其中，视频目标跟踪技术作为计算机视觉领域的支撑性技术、基础性领域，始终处在研究人员的视线中心。

视频目标跟踪的基础逻辑是通过视频首帧图像获取目标物体特征以及其在画面中的相对位置，随后沿着时间轴在后续视频帧中对目标物体进行持续跟踪和尺度估计。在宽泛的定义中，目标跟踪包括单目标跟踪和多目标跟踪两类，二者具有较明显的差异，同时又存在一定的共性。其中，为了保证对目标的跟踪精准性，避免出现目标混乱的情况，多目标算法通过目标检测和轨迹关联将视频中的目标与唯一的数字标识绑定。

对场景中目标物体的信息要求是单目标跟踪与多目标跟踪的差别之一，其中后者能够对多类别的目标进行追踪，对目标的先验信息没有强制要求，如场景监控，如图 5-5 所示；而后者则需要在检测目标信息已知的情况下对目标进行追踪，且在追踪过程中需要借助现成的目标检测器以确保物体检测的质量，否则将影响后续多轨迹目标关联的平滑性。

图 5-5 多目标跟踪示例

即使在识别条件方面二者存在一定区别，但视频中物体的识别与跟踪是单目标跟踪与多目标跟踪共同的工作核心，这也决定了这两种目标跟踪算法在外观建模、运动判断、轨迹关联等关键技术上有一定的内在联系。此外，二者的融合，即如何使多目标跟踪拥有像单目标跟踪一样的对任意类别物体的处理能力也成为当前目标跟踪的热点研究课题。

当前，科技发展所带来的关联领域的进步推动着目标跟踪算法进入更大范围的应用实践，高算力计算机、高清摄像头等硬件设备的问世以及视频化监控的普及推动着目标跟踪算法快速落地，这也对相关研究者提出了要求——尽快开发出能够稳定、快速进行目标定位的高精度视觉跟踪系统。

5.2.2 视频目标跟踪的应用场景

近年来，在大量研究人员的不懈努力之下，单目标跟踪算法与多目标跟踪算法的融合研究已经取得了一些成果，但距离大范围应用推广仍有一定的技术距离。这主要是因为跟踪过程中视频中的物体可能会出现形变、旋转、失真、溢出画外等情况，这些都会对识别造成一定干扰。但随着卷积神经网络（convolutional neural networks，CNN）等深度学习模型的引入，目标跟踪算法在泛化能力和鲁棒性等方面有所进步，其工作效率与识别精度使之有望在不久的将来实现应用普及。

作为基础性的视觉分析任务，视频目标跟踪往往在一些视觉处理系统中担任支撑性技术的角色，辅助其他视觉功能实现对目标任务的处理，如协助判断视觉目标、进行视频目标分割等，以下是其部分应用场景的介绍，如图 5-6 所示。

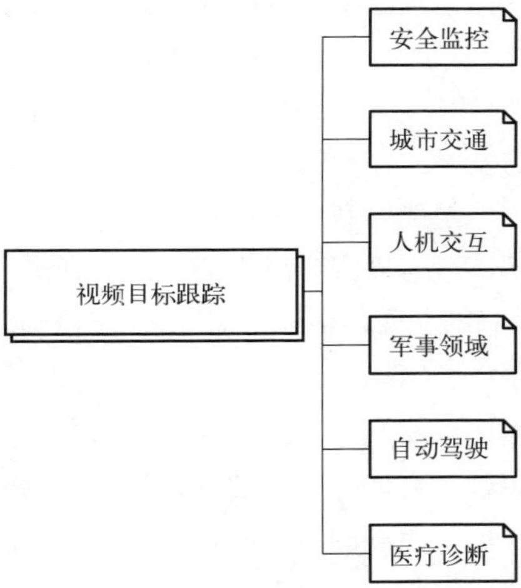

图 5-6 视频目标跟踪的应用场景

（1）安全监控

安全监控的目的是在安全事故发生前提早通过行为预测、征兆判断等对危险因素进行识别，并做出预警响应，是学校、银行、交通集散枢纽、写字楼及道路交通等场景中重要的安全保障措施之一。安全监控可划分为两个环节，一是对目标的识别、对行人和物体的定位和持续追踪，二是对行为进行分析、做出语义理解并及时做出响应，其中第一环节主要依靠视频目标跟踪技术来实现。

（2）城市交通

随着现代城市交通规模的扩大以及建筑规划逻辑的变化，城市交通场景的复杂度不断提升，面对海量的人、车以及多样化的交通环境，视频目标跟踪成为交通安全保护与交通秩序维持的重要辅助手段，借助该技术，能够实现对行人、车辆的快速跟踪，从而帮助交警快速确定违规的交通参与者、进行拥堵预测等，进一步优化交通监管模式，提升管理效果。

（3）人机交互

计算机外围设备的进步以及各类 VR、AR 技术的发展，极大地拓展了人们的感知与认识渠道，传统依赖于鼠标、键盘等硬件的机械式人机交互向更加智能、更加真实的交互方式过渡已成为必然趋势。新的交互方式涉及对用户面部表情、动作、姿态等神态、肢体信息的捕捉，在这个过程中目标跟踪技术也将发挥重要作用。

（4）军事领域

在现代战争中，借助技术手段实现人类感知范围的拓展对作战意义重大，这也是视觉跟踪技术一直在军事应用中备受关注的原因之一。视觉跟踪技术的应用能够大幅提升导弹制导、火炮控制等行动的精准性，能够进一步提高军事任务的成功率，节约军事资源。在这方面，视觉跟踪研究的主要方向是视觉感知与激光、雷达等多元信息的融合跟踪技术。

（5）自动驾驶

随着车辆工程技术的发展，自动驾驶将成为未来汽车发展的重要方向。自动驾驶功能实现的重要前提之一是能够获取周围环境与障碍物信息，而这一条件的实现需要依赖于视觉跟踪技术——对周围环境中的动态目标进行跟踪识别，从而帮助无人驾驶汽车实现对环境信息的获取，保证车辆行驶的安全。

（6）医疗诊断

视觉跟踪技术在智慧医疗建设方面同样发挥着保障性、促进性作用。很多医疗实验都需要依赖目标跟踪技术完成，如借助跟踪技术，能够实现对特定细胞、蛋白质的跟踪，帮助医生更好地掌握观测对象的情况；同时，内窥镜等医疗设备能够大大提升对疾病的诊疗准确率。此外，跟踪技术也是疾病动态监测的支撑性技术。

此外，目标跟踪技术还广泛应用于三维重建、机械自动化、视频编辑等多个领域。

5.2.3 视频目标跟踪的运动模型

运动模型即对目标在视频中的运动轨迹所建立的模型，通过该模型实现对目标的追踪与运动预测。为了控制追踪过程中的单帧运算成本，跟踪算法在确定目标时往往参照运动模型在特定区域内实现候选样本的采集，典型的运动模型包括滑窗采样、卡尔曼滤波、粒子滤波等。

基于稀疏表达和SVM的跟踪器等初阶段跟踪算法往往将粒子滤波作为运动模型，此类模型对目标追踪的实现往往以高斯分布假设对相邻两帧目标的移动情况进行确定。与之相似，MDNET等基于分类网络的跟踪器同样将高斯分布作为候选粒子采样的依据，并在此基础上实现进一步归类。

在相关滤波器和双路网络等后来出现的判别式跟踪算法中，滑窗式采样成为应用较多的采样模型，其基本逻辑为将目标在相邻帧间的运动状态假设为均匀分布。在选取确定上，新一轮的选取是由前一帧的跟踪位置确定的，以该位置为中心，向四周扩散几倍面积后生成感兴趣区域（region of interest），并在此区域对目标位置展开滑窗式的紧密搜索。在一些特殊情况下，这些跟踪算法会在跟踪响应图上增加旁瓣衰减较大的汉明窗来解决相邻帧间目标运动过远的问题。

此外，均匀分布也被普遍应用在基于梯度的深度跟踪算法中，但不论是基于高斯分布的运动估计还是基于均匀分布的运动估计，都缺乏确切的目标运动信息。由于跟踪领域数据集本身较为复杂，同时，拍摄场景中较多的干扰物数量、拍摄过程中的操作问题、目标运动路线的随机性等都会导致视频中目标追踪难度的增大，因此仅仅通过运动模型难以支撑起目标运动轨迹的精准预测，基于此，科研人员将研究重点放在观测模型的性能提升上，即通过改进观测模型实现对大量候选粒子的识别与精减。

5.2.4　视频目标跟踪的特征提取

通过运动模型将当前帧的目标搜索范围固定下来后，紧接着需要从已选定的区域中进行目标提取，并将目标特征表达出来。在跟踪任务中，对于目标的特征表达应注意两个方面：一是在外观表达上，要做到全面性、稳定性与精准性；二是注重凸显差异性特征，以便更好地区分出正负样本。

视觉跟踪任务的特征表达包括手工特征和深度特征两个阶段。

在早期的手工特征阶段，候选样本在人工设计规则的指导下被转化为能够表达语义的向量。早期的目标跟踪建立在稀疏表达技术的基础之上，此类方法根据目标的信号组成构建出包含了一系列基础电信号的字典，通过比较样本在字典下输入信号与输出信号之间的差异和缺损来实现目标位置的预测。但由于稀疏表达的运算过程花费的时间较长，因此，早期基于稀疏表达的跟踪方法更多地用于对维度较低的灰度值特征进行检测。

在稀疏表达的目标跟踪方法之后，研究人员为了进一步对这一目标跟踪方法进行优化，对循环矩阵性质与稀疏建模的结合进行了探索，通过所得到的闭合解实现了更高维度特征（如HOG）对原有跟踪方法的升级。此外，基于支持向量机（support vector machine，SVM）的目标跟踪同样在性能方面有了极大突破，此算法主要通过哈尔（Harr）特征进行目标特征的提取与表达。此外，基于颜色直方图的跟踪器也曾是研究的一大热点。

作为一种快速描述图像整体像素值分布的统计信息图表，颜色直方图在对于目标形变的处理方面具有更强的抗干扰能力。最早的相关滤波器 MOSSE 算法通过单通道的灰度值特征实现目标的追踪，这种方法由于所涉及的计算参数较简单，因而具有更高的求解效率，也因此成为公认的与相关滤波器适配度最高的特征表达，成为此类算法中主流的两类特征之一。当前，STRCF、ECOHC、BACF、SRDCF 等高性能的相关滤波器中都有对 HOG 和 ColorNames 的应用。

随着深度学习算法应用的不断推广，深度特征逐渐代替手工特征成为视觉跟踪中特征表达的主要对象。相较于手工特征，深度特征借助数据实现学习，不再需要人工进行规则设计，具有设计方式更高效、共性提取能力更强等优势，是对着眼于局部特征、集中在基础层面进行特征提取的手工特征的一次超越。

早期的分布式账本技术（DLT）中，研究者在目标跟踪中引入了图像预训练过程中获得的深度特征，但是这一目标跟踪设计方案受制于有限的训练数据供给而未能有突出的性能表现。

2015 年，Image Net 预训练的 CNN（如 VGG-19、VGG-M）不约而同地被各大研究团队应用于跟踪器的特征提取中，这主要是因为 CNN 所具有的多层表达能力，能够兼顾目标的多维度特征，这些特征的融合能够进一步加强算法的鲁棒性与泛化性。此后，多层 CNN 特征在深度相关滤波器中获得了迅速推广，但该时期的深度相关滤波器算法仍存在一定的局限性，现成的 CNN 被局限于特征提取，应用面较窄，其端到端直接进行输入与输出、预处理与人为干预需求低的优势仍然未得到发挥。

2017 年，CFNET 和 DCFNet 为了进一步提升深度特征与相关滤波算法的适配度，展开了特征提取网络与相关滤波器的联合训练，之后，相关滤波器的建模方式在 CREST、DiMP、ATOM 等跟踪器的跟踪框架中获得了推广，ResNet 也逐渐代替 VGG-M 成为其特征提取网络。

VGG-M 网络是 MDNet、VITAL 等基于分类网络的跟踪器进行特征提取的支撑性算法，该网络能够通过训练全连接层实现样本分类。早期的双路网络跟踪算法主要通过 AlexNet 网络结构构建端到端的训练模型。2019 年，研究人员进一步使用纵向挖掘能力和横向拓展能力更强的 ResNet-50 等神经网络进行双路网络的优化，在此之后，该网络以其在特征表达方面的优异表现成为高阶双路网络中的主流神经网络。

5.2.5 视频目标跟踪的模型更新

许多视觉跟踪算法通过与模型更新技术相结合的方式来提高适应能力，以便灵活应对目标外观变化。具体来说，稀疏表达跟踪器会采集许多正样本，并利用新采集的正样本来对稀疏字典进行更新；基于 SVM 的跟踪算法会通过后续帧获取正样本和负样本，并利用这些样本实现对决策平面的更新；相关滤波器可以采用指数型滑动平均策略，对初始滤波器进行更新；基于分类网络的跟踪器可以广泛采集大量新的正样本和负样本，并利用这些样本在线对分类网络进行微调。

在跟踪过程中，模型所使用的正样本可能会受目标遮挡、形变、跟踪漂移等因素的影响，进而出现正样本被污染的情况，造成模型退化问题。为了解决这一问题，相关研究人员进一步加大研究力度，通过样本权重优化的方式对不可靠正样本的权重进行抑制，不仅如此，还有部分研究人员提出利用平均峰值相关能量（average peak-to-correlation energy，APCE）评估准则来判断跟踪结果是否可靠。

不仅如此，无意义负样本的存在也对判别式分类器的区分力造成了较大影响。具体来说，MDNet 算法可以获取困难负样本，并利用这些样本进一步提高算法的鲁棒性；用于红外物体跟踪的密集结构学习（dense structural learning for infrared object tracking，DSLT）算法可以对损失函数进行设计，并借此实现对冗余负样本的有效抑制。就目前来看，随着相关研究人员的不断探索，跟踪算法持续升级，在模型更新过程中，ATOM 和 DiMP 等判别式跟踪算法通常会将困难负样本作为重点关注内容。

除此之外，MemTrack、UpdateNet 和 GradNet 等多种跟踪算法也在视频目标跟踪领域发挥着重要作用。在跟踪目标的过程中，这些算法也都采取了一定的措施来提升自身对目标外观变化的适应能力。其中，MemTrack 算法会充分发挥 LSTM 结构的作用，获取历史帧的模板信息，并在此基础上对当前帧的模板进行更新；UpdateNet 算法会训练一个独立的卷积网络，同时充分发挥历史模板的作用，在下一帧实现对最佳模板特征的预测；GradNet 算法会利用梯度信息更新模板，并借此对模板中的背景信息进行抑制。

5.2.6 视频目标跟踪的数据集

（1）OTB

OTB 数据集可以分成两个版本，其中，一个版本为 OTB-2013，该版本具有 51 个以往跟踪领域的常用测试视频，且能够与自身的评价标准协同作用，为跟踪算法打造一个统一的测试和评估环境，为早期视觉跟踪领域的发展提供助力；另一版本为 OTB-2015，该版本中具有 100 个挑战性视频，且根据属性将视频划分成了遮挡、形变、模糊、光照变化、快速运动等 11 类，为分析跟踪器有效应对各类场景提供方便。

（2）TempleColor

TempleColor 数据集有 128 个彩色视频和 27 个物体类别，且部分视频与 OTB-

2015 中的视频重合，能够在一定程度上弥补 OTB 的不足，缓解 OTB 数据集在实际场景的算法评估方面造成的不利影响。

（3）NFS

NFS 数据集有 100 个视频和 17 个物体类别，且视频帧率可达 240FPS，拥有高于常规数据集的跟踪性能，同时也明显缩小了传统跟踪算法与最新跟踪器在性能方面的差距。

（4）UAV123

UAV123 数据集有 123 个视频和 9 个物体类别，适用于特定的无人机跟踪场景，且视频大多为高空俯拍，视频画面中的物体较小，视角变化较多。

（5）VOT

单目标视觉跟踪竞赛（visual object tracking，VOT）所采用的数据集主要针对短时目标跟踪，随着相关研究人员的不断探索和研究，该数据集逐渐被应用到评价算法的实时性和长时目标跟踪性能等任务中。一般来说，当跟踪器在 VOT 上测试时，若测试结果为失败，那么将会出现复位的情况，相关研究人员可以记录和分析失败次数、成功帧的准确度等数据，并将其整合成统一的指标用于评价跟踪器的性能。

（6）LaSOT

LaSOT 数据集有 1400 个人工标注的高质量视频和 70 个物体类别，视频的平均长度约为 2500 帧，且该数据集主要由互不重叠的训练集和测试集两部分构成，是一种大规模跟踪数据集。

（7）OxUvA

OxUvA 数据集有 366 个视频，且这些视频的总时长在 14h 以上。OxUvA 主要用于长时目标跟踪场景，在长时跟踪过程中，跟踪目标可能会出现频繁遮挡、超出视野等情况，为了保证目标跟踪效果，跟踪器需要具备较强的鲁棒性。不仅如此，相关研究人员也要设置合理的长时跟踪性能评估指标，为长时跟踪的发展提供支持。

（8）GOT-10K

GOT-10K 数据集有 10000 个视频和 560 个目标类别，且训练视频与测试视频中的物体类别互不重合，在目标跟踪过程中，跟踪算法能够实现对泛化性的有效验证，且无须依赖特定的物体类别或数据集，也无须利用与待跟踪目标相关的各项先验知识。

（9）TrackingNet

TrackingNet 数据集具有远超其他跟踪数据集的视频数量和标注数量，共包含 30000 个视频和 27 个目标类别，且该数据集还对训练集和测试集进行了划分，能够充分利用大规模训练视频，在一定程度上弥补目标跟踪领域缺少训练数据的不足。

5.3 视频目标跟踪的观测模型

5.3.1 基于子空间学习的跟踪算法

跟踪算法可以按照观测模型分为两种类型，其中，一种为生成式跟踪器，这类跟踪器应用了生成式模型，而生成式模型中具备基于目标信息的跟踪模型，能够分析候选样本的重构误差和相似性，并根据分析结果找出最佳样本，就目前来看，稀疏表达、子空间学习等都是较为常用的生成式跟踪框架；另一种为判别式跟踪器，需要综合运用前景信息和背景信息来进行跟踪，具备较强的区分能力和性能，在跟踪领域中的应用十分广泛。就目前来看，SVM 跟踪器、相关滤波器、分类网络、双路网络等都是较为常用的几种判别式跟踪器，如图 5-7 所示。

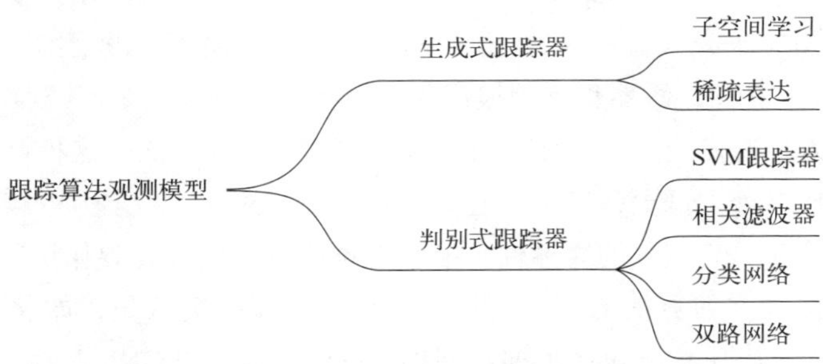

图 5-7 跟踪算法观测模型的两种类型

下面对基于子空间学习的跟踪算法进行简单介绍。

从本质上来看，基于子空间学习的跟踪算法可以按照由高维到低维的顺序对各项特征进行映射，并据此构建相应的子空间，为目标外观搭建相应的模型，再衡量候选样本在子空间中的重构误差或相似性，根据误差结果或相似性筛选出可能性最高的目标。

基于子空间学习的跟踪算法是一种视觉跟踪算法，跟踪情况会受到视角、光照等因素的影响，因此相关研究人员提出要针对不同的视角和光照的子空间学习方案进行外观建模。除此之外，该算法还需用到大量先验知识，因此难以在各类实际应用场景中发挥作用。增量视觉跟踪器（incremental visual tracking，IVT）是一种基于增量 PCA 思想的算法，具有仿射变换、增量更新等特点，能够适应目标的外观变化，对目标进行持续稳定跟踪。

5.3.2 基于稀疏表达的跟踪算法

基于稀疏表达的跟踪算法在人脸识别领域发挥着重要作用，是备受关注的一种目标跟踪算法。相关研究人员利用基于 L1 范数的稀疏表达模型为目标建模，并利用初始帧和后续跟踪来获取正样本，进一步构建稀疏表达字典，再分析候选样本在字典集中的重构误差，根据误差筛选出可能性最高的目标。一般来说，L1 范数的求解具有较高的复杂度，因此相关研究人员对算法进行了进一步优化升级，在处理各项跟踪任务时，通常选择使用加速近似梯度算法（accelerated proximal gradient，APG）或正交匹配追踪（orthogonal matching pursuit，OMP）算法。

不仅如此，部分研究人员还通过基于局部图像模块的稀疏表达建模来获取跟踪结果，或综合运用基于局部图像稀疏表达所生成的模型和基于前景背景的辨别模型，充分发挥二者优势，实现对目标的跟踪。

5.3.3 基于 SVM 的跟踪算法

2001 年，支持向量机（support vector machine，SVM）被应用到视频目标跟踪领域当中。随着相关研究人员的研究逐渐深入，各类 SVM 跟踪器逐渐实现优化升级，基于自步学习的 SVM 跟踪器也逐渐被应用到目标跟踪领域当中。

相关研究人员开发出了基于结构化输出的 SVM 跟踪算法，这种算法具有十分强大的性能。除此之外，部分研究人员还开发出了基于熵最小化原则的集成式 SVM 跟踪框架，这种算法具有较强的鲁棒性，能够在预测方面发挥重要作用。

近年来，深度学习算法的应用逐渐深度化，许多研究人员开始将深度学习融合到 SVM 算法中，并开发出融合了神经网络和 SVM 算法的 CNN-SVM 跟踪器，进一步推动了目标跟踪器的优化升级。

5.3.4 基于相关滤波器的跟踪算法

基于相关滤波器（correlation filter，CF）的跟踪算法可以充分发挥滤波器的作用，利用滤波器的区分力对跟踪图片进行处理，并输出响应图，得出目标在后续帧中的各个位置上的置信度。这种算法可以借助循环样本和循环矩阵对岭回归问题进行求解，并借此得出频域上的高效闭合解，具有较高的计算效率。

相关滤波器中的循环样本会带来边界效应，为了有效抑制边界效应，相关研究人员进一步加大对相关滤波器算法的研究力度。与此同时，许多研究人员还将各种先进技术与相关滤波器算法进行结合，例如，将各类核函数与粒子滤波器进行结合，进而实现长时跟踪的重检测和集成学习等功能。

近年来，深度学习快速发展，与之相结合的相关滤波器的发展和应用也备受关注。在基于相关滤波器的跟踪算法发展初期，相关研究人员积极探索将经过离线训练的深度特征与相关滤波器结合的有效方法，在这一过程中，相关研究人员需要对各层深度特征进行单独训练，并按照从粗放到精细的顺序，对经过训练的深度特征和相关滤波器进行融合，进一步加强对深度特征应用的探索和研究。

随着深度相关滤波器的快速发展和广泛应用，连续卷积算子（continuous convolution operators，C-COT）的性能也得到了进一步提升。具体来说，C-COT 算法对各个深度特征在分辨率方面的差异所造成的响应图融合问题进行了研究，并提供了连续性插值和滤波器联合优化的方法，该方法在解决这一问题的过程中发挥了重要作用。

高效卷积算子（efficient convolution operators，ECO）是一种基于 C-COT 的算法，通过对目标样本聚类、自适应相关滤波器选取、稀疏目标更新等内容的深入研究，进一步增强了在速度和存储方面的各项性能。当相关研究人员将更深的神经网络与相关滤波器相结合后，相关滤波器的数据、带宽、融合权重等均得到了一定程度的优化，并实现了性能的持续提升。

近年来，相关研究人员不断加大对视频目标跟踪算法的研究力度，并在研究过程中发现，对相关滤波器来说，离线训练的深度特征并不是最佳选择，不仅如此，相关研究人员还对滤波器和特征提取网络进行结合，并积极开展联合训练。

级联融合网络将相关滤波器与双路网络进行结合，并在此基础上实现端到端学习，以便在实现高效率运行的同时充分发挥相关滤波器的辨别能力。部分工作具有一定的边界效应抑制能力，这些工作以及其他优化算法都可能会对相关滤波器的闭合解造成破坏，因此相关研究人员需要将交替方向乘子法（alternating direction method of multipliers，ADMM）应用到视频目标跟踪当中，进一步优化端到端的训练方法。

近年来，许多研究人员开始使用梯度优化的方法对基于相关滤波器算法的深度框架进行端到端的训练和优化。CREST 算法是一种综合性的图像处理算法，常用于数据传输和信号处理工作中。在这种算法中，深度学习中常见的随机梯度下降算法（stochastic gradient descent，SGD）可以用来对正则化最小二乘损失进行优化，并学习一个与相关滤波器相似且具有较强的区分能力的卷积核，该卷积核可以与搜索图的特征图进行卷积操作，并在此基础上进一步生成目标跟踪响应图。

残差项在 CREST 跟踪器中的运用可以弥补目标外观快速变化的缺陷，从而在一定程度上提升跟踪器的性能。收缩式损失在 DLST 算法中的运用可以有效抑制冗余且易分类的负样本的权重，从而增强区分能力，提升学习速度。随机梯度下降方案需要多次使用，在上百次迭代后能达到较好的收敛效果，但同时也会对跟踪器效率起到抑制作用。

随着各项相关研究的不断推进，研究人员开始探索和研究更快的梯度下降方法。具体来说，ATOM 算法可以综合运用共轭梯度策略和深度学习框架，并在此基础上实现进一步优化，同时提高优化速度。在端到端的学习中，模型可以利用神经网络学习的方式来实现对各项参数的跟踪，一般来说，端到端估计梯度下降的优化步长可以减少模型迭代次数，提高模型收敛效率，确保岭回归损失的区分能力不受影响，同时也有效防止跟踪效率下降。总而言之，该算法的应用可以有效提升跟踪数据集的性能。

5.3.5 基于分类网络的跟踪算法

基于分类网络的跟踪算法参考了目标检测算法 R-CNNM 训练跟踪器，可以利用初始帧中的标注样本对模型进行微调，并在跟踪的同时持续对网络进行更新，但这一算法存在效率较低的不足之处。在基于分类网络的跟踪算法中，视频目标跟踪是前景和背景的二分类任务，可以利用深度跟踪网络中的卷积层从候选样本中提取鲁棒的特征表达，并利用全连接层实现对样本的二分类。

多尺度动态网络（multi-dimensional networks，MDNet）算法可以利用分类式网络来跟踪目标，采集和分析待跟踪物体在各个视频中引起的歧义问题等信息，进一步丰富训练框架的数据域。

在 MDNet 训练过程中，训练集中的全部视频都要进行训练，同时这些经过训练的视频也可以以学习鲁棒的通用特征来对网络共享层进行表达。不仅如此，MDNet 还会对各个视频独立的分类层进行单独训练，并借此区分视频中的目标和背景。在离线训练过程中，MDNet 可以利用第一帧的标注信息对全连接层进行快速微调，从而生成新的全连接层，为辨别视频中的目标和背景提供支持。

BmnchOut 算法融合了模型集成思想，可以支撑多个全连接层实现在线学习和更新，同时可以对全连接层进行逐帧筛选，找出判别力最强的全连接层并进行跟踪。VITAL 方法融合了生成对抗式网络，不仅可以充分发挥 MDNet 的作用，还可以在训练过程中对目标的不同区域进行遮挡，并借此提升网络的特征表达能力和预测的鲁棒性。

分类式跟踪方法需要处理大量候选样本，多次重复进行特征提取，因此存在速度慢的不足之处。实时 MDNet 算法（RT-MDNet）采用了 Fast RCNN 的思想，可以提取搜索区域的共享特征，并利用 ROI-Align 裁剪出候选样本特征，从而在避免精度受到严重影响的同时大幅提高跟踪速度。

5.3.6 基于双路网络的跟踪算法

双路网络可以利用大量数据进行离线训练，无须在线更新模型，基于双路网络的跟踪算法可以从众多候选样本中找出与第一帧模板的相似度最高的样本，并对其进行目标定位，同时确保自身的跟踪效率。

SINT 算法是一种基于原生网络的跟踪算法，可以分析候选样本与第一帧模板之间的相似度，并据此实现对目标的跟踪。与此同时，相关研究人员开发出了全卷积的双路网络框架 SiamFC，这种算法可以充分发挥共享权重的卷积网络的作用，对目标模板和搜索区域进行特征提取，并在此基础上生成搜索区域的响应图，进而实现对目标的定位。

不仅如此，相关研究人员还对 SiamFC 框架进行了优化升级，将各类学习算法应用到互补的双路网络分支当中，通过强化学习的方式对模型的参数进行调整，在 SiamFC 框架中引入注意力机制、图卷积神经网络。

在传统的 SiamFC 框架中，图像金字塔是估计目标尺寸的主要方法。相关研究人员还将目标检测中的 RPN 结构与 SiamFC 框架进行融合，开发出 SiamRPN，该算法可以通过参数共享的方式提取目标模块特征，借助分类支路获取目标位置，借助回归支路获取目标尺度的精确估计，从而解决目标尺度信息准确度不足的问题，同时 SiamRPN 的应用也能够有效提高推理速度。

除此之外，相关研究人员还在此基础上开发出了 DaSiamRPN，利用挖掘负样本进一步增强了双路网络的辨别能力。为了提升双路算法对现有深层神经网络的利用率，相关研究人员将 ResNet 网络与双路跟踪器进行了结合，并进一步开发出了 SiamRPN++ 算法。SiamRPN++ 算法的应用有效增强了各个目标跟踪数据集的性能，具体来说，该算法可以随机对目标在搜索区域中的位置进行平移，避免卷积神经网络的边界填充破坏双路网络的平移不变性，同时也可以通过高中低层特征融合的方式来优化目标特征表达。

第 6 章

机器视觉的图像分割技术

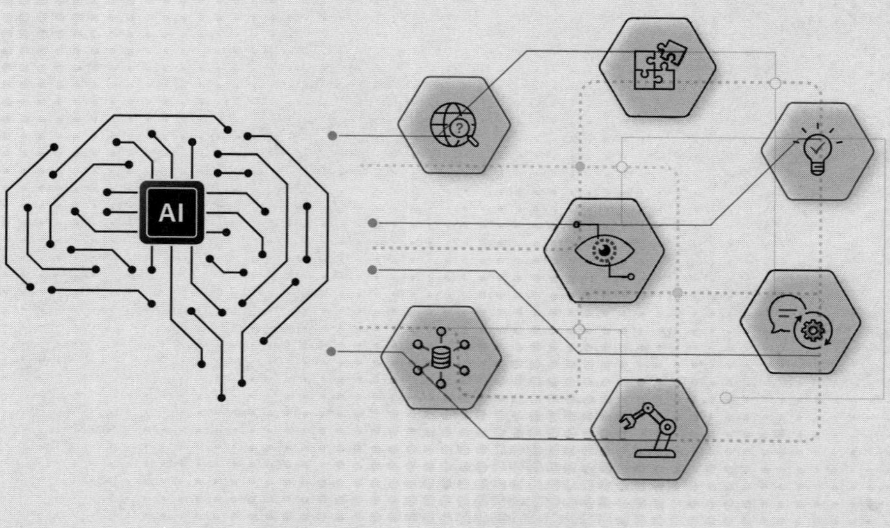

6.1 机器视觉图像分割的经典算法

6.1.1 基于阈值的图像分割方法

阈值分割方法会结合图像灰度特征设置灰度阈值，并根据图像像素灰度值与阈值的对比结果进行图像像素的分类。采用此方法分割图像，关键是要找准灰度阈值，这需要借助准则函数来进行计算。当图像背景和目标的灰度级别存在差异时，阈值法是非常合适的方法，如图 6-1 所示。

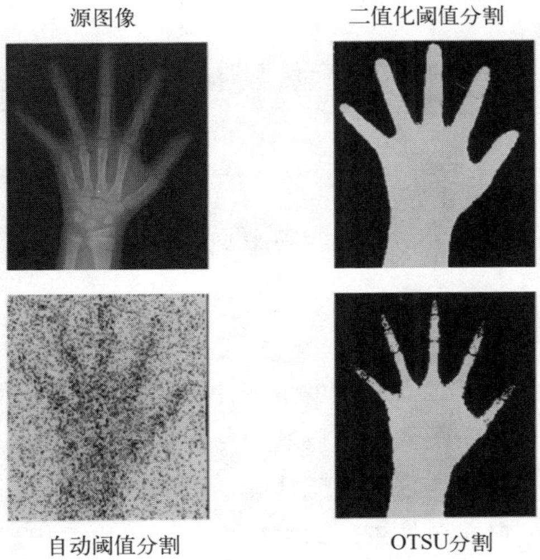

图 6-1 基于阈值的图像分割方法示例

阈值法的优点在于不需要复杂的计算，并且能够以较高的效率完成分割；缺点在于不涉及像素点的空间特征，所以无法很好地抵御噪声的影响，在鲁棒性方面表现一般。

基于阈值的图像分割方法有以下两类。

① 全局阈值法：借助图像全局信息得到分割阈值的最优解，阈值的形式包括单阈值和双阈值。此方法包括两种细分方法，两者的区别在于基于点或基于区域。

② 局部阈值法：将图像划分为多个子图像，并分别使用全局阈值法，以此得到分割阈值的最优解。

上面提到全局阈值法分为两类，因此采用阈值法的阈值选取技术共有 3 种，如图 6-2 所示。

（1）基于点的全局阈值方法

此方法基于固定阈值划分图像像素的目标和背景，对于在线实时图像处理而言

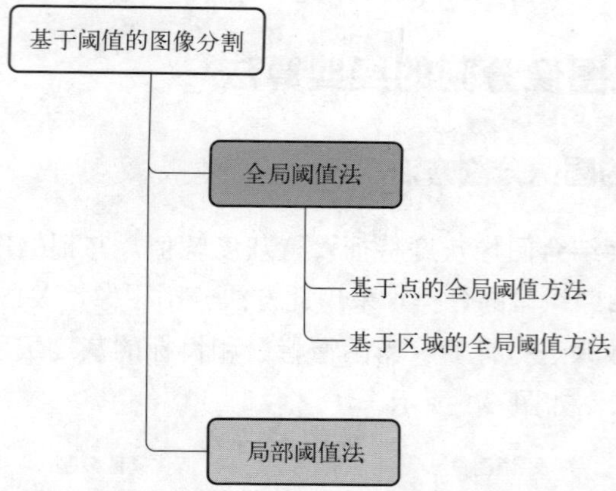

图 6-2　基于阈值的图像分割方法

是一种较好的方案。

（2）基于区域的全局阈值方法

此方法根据同区域像素呈现出的一致性划分目标和背景，这种一致性体现在位置、灰度级等方面。

（3）局部阈值法

全局阈值法的优点在于时间复杂度低，计算量小，实现起来相对容易，不过此方法只适用于常规状态下的图像，如果图像中存在噪声和阴影，或是图像各处的亮度和对比度不均匀，则仅凭固定阈值无法准确把握图像的实际状况，难以实现准确分割。当图像有干扰或存在各处不均匀的情况时，可以采用局部阈值法，也称动态阈值法、自适应阈值法，此方法通过与像素具体位置相联系的阈值来分割图像，在面对这类图像时能够取得较好的分割效果。局部阈值法的劣势在于时间复杂度和空间复杂度高，实现难度较大。

6.1.2　基于区域的图像分割方法

基于区域的分割方法包括区域生长和区域分裂合并两种算法。

（1）区域生长

区域生长法按照相似性划分像素点的不同区域，由此完成图像的分割。区域生长过程：从各生长区域选出一组种子像素，在该组像素的邻近区域中寻找满足条件的像素，将找到的像素合并至生长区域中，这些新像素也将发挥种子像素的作用，合并将按照此方式持续进行，最后生长区域中会包含所有满足条件的像素。在使用区域生长法时，要想取得较好的使用效果，需要找准初始种子像素，同时确定合理的生长准则。

区域生长将图像中性质相似的像素归到同一区域，完成区域的分割。在具体操作方面，首先需确定各区域的种子像素点，以此为中心开始区域生长，将与种子像素点性质相近的像素并至区域内，新加入的像素同样将发挥种子像素点的作用，持续推进区域生长，当确定所有符合条件的像素都已被并入区域中时，区域生长宣告完成，如图 6-3 所示。

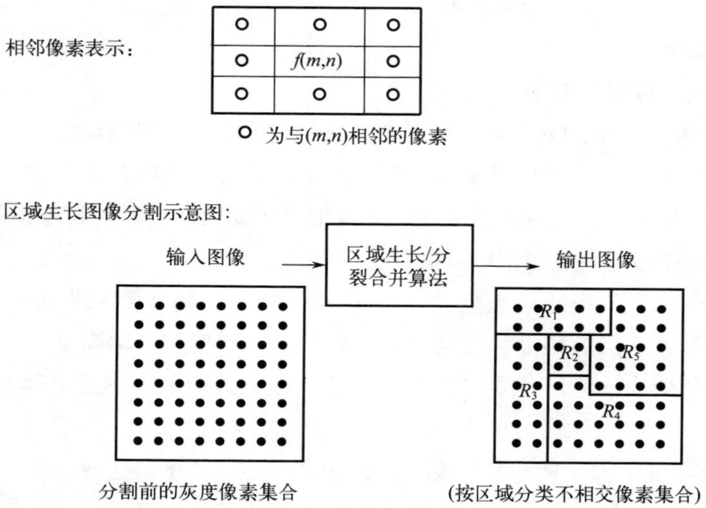

图 6-3　基于区域生长的图像分割方法

区域生长不需要复杂的计算，当处理均匀目标时，此算法是不错的选择。不过区域生长中种子像素点的选取需由人工来操作，并且此算法不能很好地抵御噪声的干扰，造成区域内出现空洞。此外，区域生长为串行算法，面对大目标时分割效率会受到影响，在设计算法时需针对这一点做出改进。

（2）区域分裂合并

区域分裂合并的操作与区域生长截然相反，它将整幅图像分割成多个子区域，而后通过合并前景区域获取前景目标，并完成前景目标的提取。区域分裂合并得以成立的前提是图像前景区域的像素间彼此连通，所以可通过对图像的像素级分割识别前景像素。最后，将识别到的前景区域或前景像素合并起来，取得前景目标。

以上介绍了基于区域的图像分割方法的两种基本形式，实践中一般会综合运用这两种算法，以实现分割效果的最大化。此类图像分割算法适用于复杂场景或缺乏先验知识的场景，比如包含复杂物体的图像和自然景观图像。

6.1.3　基于边缘检测的分割方法

基于边缘检测的分割方法需进行区域边缘检测。如果图像中彼此相邻的像素点在灰度值上呈现出较为明显的差异，那么此处很有可能就是图像的边界，连接位于边界的像素点形成轮廓，该轮廓就是图像各区域的界限。

边缘检测技术有串行边缘检测和并行边缘检测，两种技术在判定像素点是否位于检测边缘时所采用的依据不同，前者依据的是之前的像素验证结果，后者依据的是当前接受检测的像素点及其邻近点。在分割图像时，并行边缘检测采用的是微分算子卷积的方式，能够在较短的时间内完成分割，在性能方面也有出色的表现，因此该检测方法的应用较为广泛。

（1）经典边缘检测方法

① 基于阈值（thresholding）的边缘检测。基于阈值的边缘检测方法需预先设定一个阈值，并比较该阈值与图像像素值，将比较结果作为像素点的分类依据，灰度值高于阈值的像素将被归到前景区域，灰度值低于阈值的像素则将被归到背景区域。借助阈值法可便捷地完成图像边缘信息的提取。

② 基于 Sobel 算子的边缘检测。Sobel 算子是重要的计算机视觉处理方法，可用来计算图像像素点的梯度强度及方向，包括 x 轴梯度和 y 轴梯度，据此判定像素点是否处在图像中的边缘位置，并将判定结果以二值图像的形式呈现出来，以供后续处理。

③ 基于 Canny 算子的边缘检测。Canny 算子是一种多级边缘检测算法，此种边缘检测方法先将图像分层，而后计算各层次图像的梯度，这种方法在抗噪声干扰方面有着良好的表现，能够较为准确地完成边缘检测。另外，Canny 算子使用了参数 Δ，该参数的作用是掌控相邻像素的间距，实现对间距最大值的有效控制，进而提升边缘检测的精度。

（2）当前流行的边缘检测方法

① 基于深度学习的边缘检测（deep learning-based edge detection）。近些年，深度学习在计算机视觉领域的应用日渐广泛，在多个方面展现出其价值和作用，其中包括边缘检测。常用的基于深度学习的边缘检测方法如卷积神经网络（convolutional neural networks，CNN）和循环神经网络（recurrent neural networks，RNN），它们借助附着标签的数据集开展训练，通过训练习得识别边缘特征表示的能力。基于深度学习的边缘检测方法拥有较高的检测效率，其效果已在实践中得到了验证。

② 基于光流法的边缘检测（optical flow edge detection）。作为一种机器学习方法，光流法采用无监督学习的方式。基于光流法的边缘检测计算图像序列的光流，以此来评估图像中物体的运动情况，得到物体运动轨迹的估算结果，进而获得物体边缘信息，该方法是一种间接的边缘检测方法。在具体操作方面，参照图像序列光流的计算结果，基于光流的强度和方向判定像素点是否处在图像的边缘位置，而后将判定结果以二值图像的形式呈现出来，以供后续处理。

6.1.4 基于聚类的图像分割方法

在机器学习中，聚类分析属于无监督学习方法，该方法根据相似性划分数据集内对象的类别，将相似度较高的对象归为同类，同时各类别间具备较高的区分度。聚类算法可用来处理多个层级的图像分割任务，从像素级分割到区域级分割都可胜任。

基于聚类的图像分割方法将特征相似的像素点集合起来，对其进行迭代直到出现收敛，由此完成像素点的分类，分割出图像的各个区域。聚类法多用于医学图像的分割，它的一项优点在于不必使用训练样本集，不过要注意的是初始参数会对其分割结果产生较大影响。

聚类算法首先设立一个确定的标准，按照此标准评估不同数据点间的相似程度，基于相似性划定数据点的群组。下面将介绍几种常用的聚类算法。

① K-means 算法。应用广泛的聚类算法，借助迭代优化完成数据点的分类，类别的数量用 K 表示，每个类别有一个中心，经过算法的分类后，类别内各数据点到中心距离的总和将达到最小值。基于 K-means 算法的图像分割应用示例如图 6-4 所示。

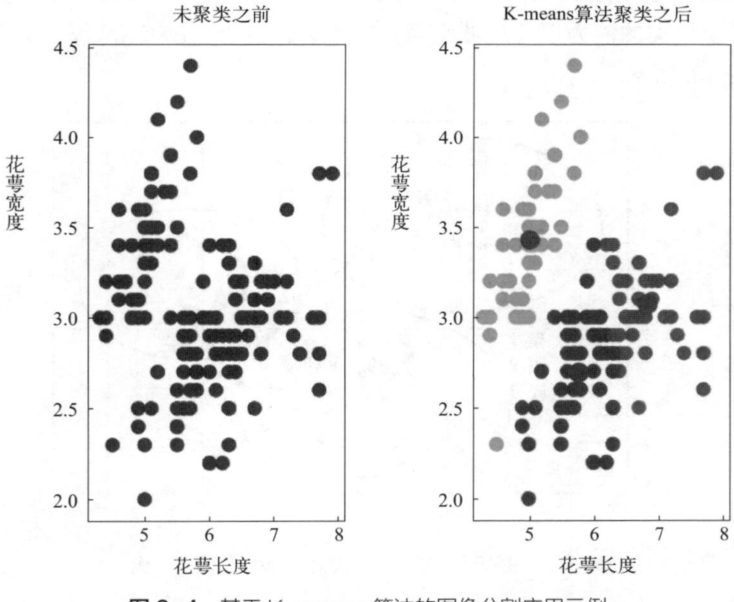

图 6-4 基于 K-means 算法的图像分割应用示例

② 层次聚类算法。完成数据点群组的划分后，层次聚类算法会再对群组执行合并或分裂操作，直至确定最终聚类结果。该算法在合并或分裂群组时会采用不同的策略，策略与聚类层次结构是相互对应的。基于层次聚类算法的图像分割应用示例如图 6-5 所示。

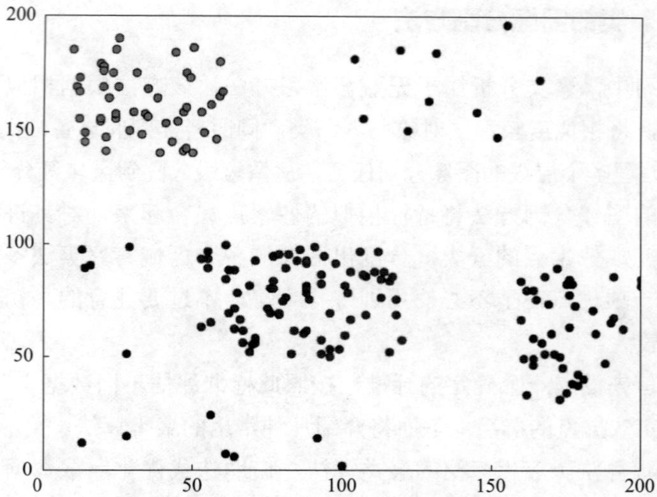

图 6-5 基于层次聚类算法的图像分割应用示例

③ DBSCAN 算法。DBSCAN 的全称为 density-based spatial clustering of applications with noise，即基于密度的噪声应用空间聚类，该算法为基于密度的聚类算法，具备捕捉任意形状聚类的能力以及过滤噪声点的能力。基于 DBSCAN 算法的图像分割应用示例如图 6-6 所示。

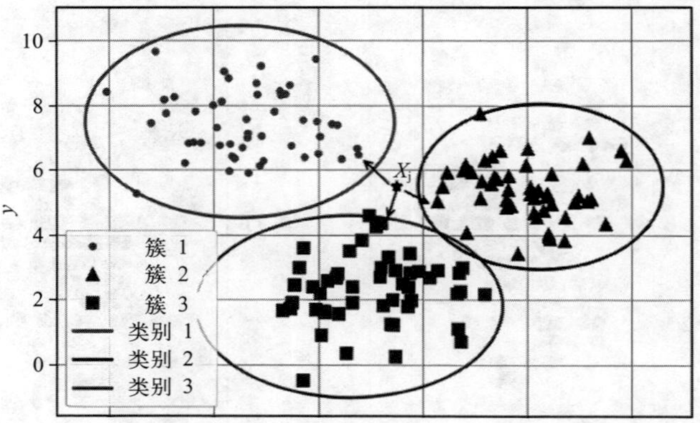

图 6-6 基于 DBSCAN 算法的图像分割应用示例

④ 谱聚类算法。该算法为基于图论的聚类算法，用图的节点表示数据点，而后计算图的拉普拉斯矩阵，基于矩阵完成图像的特征分解，以此获取聚类结果。

在具体的聚类方法上，基于聚类的图像分割算法会根据图像的各项特征进行图像聚类，如颜色、纹理等，完成区域级或像素级的图像分割。举例来说，K-means 算法在进行图像聚类时以像素颜色作为分类依据，将颜色相近的像素归为同一类别。

K-means 根据样本间距对样本集进行划分，得到数量为 K 的簇，尽可能缩小同一簇内点与点之间的距离，同时扩大不同簇之间的距离。

举例来说，彩色图像有分别代表红、绿、蓝三色的 RGB 三通道，以此作为空间直角坐标系的 x 轴、y 轴和 z 轴，将图像的全部像素点映射至坐标轴内，而后采用随机方式从坐标系中取得与簇数量相同的点作为各簇中心，计算得到图像内全部像素点到这些中心点的距离，最后将全部像素聚集到距离最小的簇中。以上就是聚类的整个过程。

6.1.5 基于图论的图像分割算法

图论分割根据图像像素间的相似度来建图，并借助图论算法分割图像区域。图论分割的前提是相似像素所处的区域相同。图论分割将像素视为图的节点，不同节点间有边的存在，由此可得出节点间的相似度。可采用多种方法进行像素相似度的测量，得到全连接图、k 邻近图等多种类型的图，而后借助图论算法分割图像区域。

图论分割适用于比较复杂的场景，比如存在多个相互重叠的对象，而且在使用图像分割处理这类场景时，无须提前进行对象的计数。图论分割也存在一定的缺点，它不能敏锐地感知到图像中存在的噪声和边缘，从而无法实现对分割的精准把控，时常出现过度分割或分割不足的问题。图论分割的主要应用场景有图像分割、目标跟踪、人脸识别等。

图论分割需要选取一组像素点作为初始种子点，初始种子点应当能够代表其所在的区域，在图像分割的过程中它们将发挥指导作用，并在很大程度上决定分割结果。

一般采用手动选择或自动选择的方式选出初始种子点。

a. 手动选择：手动选择需要用户来操作，借助鼠标等输入设备选定作为初始种子点的像素点。采用手动选择使用户得以凭借自身能力保证选择的准确性，不过这种人工手动操作的方式难以应对图像规模较大的情况。

b. 自动选择：自动选择无须用户参与，可借助启发式算法选出作为初始种子点的像素点，常用的算法有基于颜色、基于纹理、基于边缘检测等多种。自动选择具备高效便捷的优势，不需要用户来操作，适用于大规模图像的处理，不过要注意自动选择中算法和参数的设置非常关键，需根据图像类型和特点做出合理的决定。

图论分割的主要步骤如下。

① 构建图。在图论分割中，图像像素相当于图的节点，不同节点间的相似度可通过节点间的边得到。通过欧几里得距离、颜色相似度等多种方法测量相似度，得到全连接图、k 邻近图等多种图像。

② 图划分。借助算法把图像分为由相似像素组成的不同区域，下面介绍较为常用的两种划分算法：

a. 最小割算法依据的是最小割定理，将图一分为二，由此两区域边之间权重的总和将达到最小值。在最小割算法的求解问题上，最大流算法是可行的方案。

b. 谱聚类算法是另一种常用的图像划分算法，对图像的拉普拉斯矩阵实施特征分解，将由此得到的特征向量进行聚类。当图像的形状与尺寸不同时，该算法是较为合适的方案，不过如果图像的规模较大，它的效果就会受到影响，无法做到高效处理。

③ 后处理。图像分割完成后需要后期处理，以进一步完善分割结果。有的区域面积比较小，这样的区域可直接去掉，另外有的相邻区域间像素的相似度比较高，对于此类区域可做合并处理。

6.2 图像语义分割的应用场景

6.2.1 图像语义分割概述

图像语义分割是计算机视觉的子领域，可以按照“语义”为图像中的各个像素打上相应类别的标签，并从图像中获取高层语义，为计算机进行场景理解提供支持，拥有十分广泛的应用场景。

在计算机视觉领域，图像分割是一个关注度较高的问题，其本身有着相当大的难度，同时对于图像分析和图像理解有着重要的意义。图像分割就是将图像分为多个彼此独立的区域，区域内的图像在灰度、彩色、空间纹理、几何形状等方面呈现出相同或相似的特征，并且与其他区域差异显著。换句话说，图像分割所要做的是从背景中提取目标。就灰度图像而言，在图像分割出的区域内，像素会在灰度上表现出相似性。

自 20 世纪 70 年代起，许多研究人员一直致力于图像分割问题的解决，而时至今日，具有普遍适用性的图像分割方法尚未诞生，不过已经取得的成果依然值得肯定，基于对图像分割规律的总结已形成了多种实用方法。

图像分割方法最初的应用场景为医学影像处理，从影像中提取出目标以用于诊断。医学影像的构造并不复杂，很少会出现背景与目标难以区分的情况，因此该场景下的图像分割方法也较为简单粗糙，即基于阈值划分像素级别。而面对更为复杂的场景，需不断地开发更多类型的分割方法，由此形成的方法有基于区域、基于边缘、基于聚类等。深度学习的应用对于图像分割问题的解决意义重大，使得图像分割各区域语义信息的准确度得到了提升，借助基于深度学习的图像分割方法可以完成更加精确和智能的分割。

图像语义分割需要对图像中的各个像素点和与之相关的类别进行关联，并以图像的语义为依据实现对各类目标在图像中的所有像素点的精准识别，明确特征图在各个原图像素位置中不同类别的响应程度，并据此分配类别。一般来说，类别大多由人来进行定义，标签大多与场景语义相关，如草地、树木、单车、栅栏、道路、建筑物等。具体来说，图像语义分割的类别示例如图 6-7 所示。

图 6-7 图像语义分割的类别示例

6.2.2 应用 1：自动驾驶

目前，图像语义分割已经被应用到多个场景当中，如自动驾驶、医学影像分析、视频解析等。

在自动驾驶场景中，智能网联汽车可以借助摄像头实时获取周边场景的图像信息，利用图像语义分割技术对这些图像中的各个像素进行分类，进而实现对行人、车道线、其他车辆等内容的有效识别，以便明确行驶方向，及时避让行人和各类障碍物，避免出现碰撞等道路安全问题。

Cityscapes 数据集是一项能够为城市场景理解和计算机视觉研究提供支持的重要资源，同时也在自动驾驶场景中发挥着重要作用。

具体来说，Cityscapes 数据集示例如图 6-8 所示。

图 6-8 Cityscapes 数据集示例

由图可知，在自动驾驶场景中，智能网联汽车可以借助 Cityscapes 数据集来识别场景中的各项要素，但同时也存在大目标易被遮挡、小目标难以识别等问题。

在道路场景中，图像语义分割需要提升目标对象的内部一致性，确保目标对象的主体可正确归类，同时也要把握目标对象的边缘分割细节。就目前来看，为了保证分割的精准度，图像语义分割通常会进行多尺度特征融合，或构建全局上下文信息模块。具体来说，在多尺度特征融合的过程中，图像语义分割可以充分发挥 DeepLabv3+ 方法的作用，引入具有空洞卷积的空间金字塔池化模块，并综合运用各项多尺度信息，进一步明确大目标和小目标之间的不同之处；在构建全局上下文信息模块的过程中，图像语义分割可以将上下文编码模块添加到 EncNet 结构中，充分利用全局上下文信息，获取场景的上下文语义和与之相关的特征图。

在部分研究人员的认知中，良好的图像语义分割方法通常具有优秀的性能，且需要明确建模目标对象的主体和边缘，同时这两项内容还应与图像的高频信息和低频信息相对应，而该图像语义分割方法可以对二者进行解耦，从而达到显示采样的目的。在这一前提下，这些研究人员进一步开发出了 DecoupleSegNets 模型，这是一种基于解耦优化思路的语义分割模型，能够在 Cityscapes 数据集中发挥作用，最大限度地提高像素准确率。

6.2.3 应用 2：医学影像

在医学影像分析场景中，图像语义分割技术可用于处理医学影像，为医务人员的诊疗工作提供帮助。一般来说，医学图像分割任务的对比度较低、数据量较少，且在分割精度方面有着极高的要求。现阶段，医疗行业通常利用 U-Net 模型来处理医学图像分割任务，这种模型是一种具有 U 形结构、编码器 - 解码器结构和跳跃连接等特点的深度学习模型，能够在捕捉图像上下文信息的同时确保图像细节信息的完整性，解决空间信息缺失问题，支撑神经网络实现精准定位。

具体来说，医学图像分割示例如图 6-9 所示。

为了更好地处理各项医学影像分割任务，相关研究人员在 U-Net 模型的基础上进行改进，积极开发更有效的图像语义分割方法。

nnU-Net 方法是一种自适应医学图像分割框架，能够自动适应各种给定的医疗图像分割数据集，有效解决医学图像分割数据集的适应性问题，同时也可以在一定程度上降低人在这项工作中的参与度。

DoubleU-Net 融合了两个相互堆叠的 U-Net 架构，并在此基础上将从图像中抽取到的特征叠加到 U-Net 当中，从而构建出一种新的卷积神经网络架构，可以捕获更多语义的特征信息，在最大限度上提升语义分割性能。

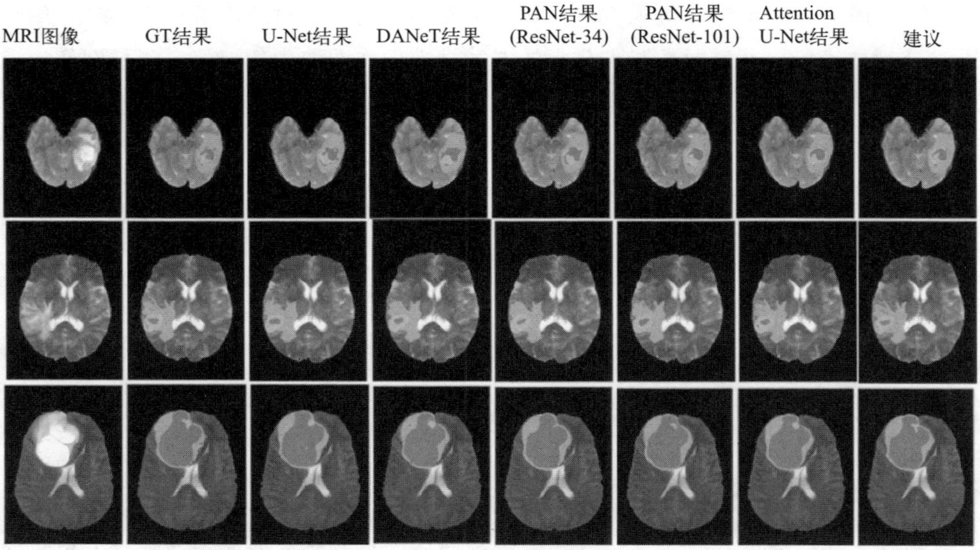

图 6-9　医学图像分割示例

6.2.4　应用 3：视频解析

在视频解析场景中，每段视频都包含大量图像，因此图像语义分割技术也可用于对视频进行语义分割。在对视频进行逐帧图像分割的过程中，由于逐帧处理图像并未充分考虑分割结果的时空一致性问题，因此分割结果边缘可能会出现严重的抖动问题，进而影响到对图像中的各项目标的识别；不仅如此，视频相邻两帧图像之间具有较高的相似度，因此在提取图像特征时会出现大量计算冗余，导致数据计算压力过大，数据处理效率下降。

为了解决这两个问题，相关研究人员需要利用好帧与帧之间的时序信息，探索借助这些信息提高图像分割精度的方法，同时也要充分认识到帧与帧之间高度相似的特点，并借此进一步提高视频流的吞吐量。

从实际操作上来看，在利用时序信息提高分割精度方面，相关研究人员对卷积架构和时空转换器递归层进行了融合，并在此基础上开发出了基于门控循环流传播的视频语义分割模型。

该模型可以借助光流在时间上的传播标注信息，也可以从局部估计的不确定性出发，实现自适应门控；在降低视频冗余计算量方面，相关研究人员将进一步提高特征传播模块的自适应能力，构建出新的低延迟视频语义分割框架，并借此减少每帧视频图像的计算成本，充分发挥自适应调度器的作用，对计算任务进行动态分配，从而达到提高分割精度的目的。

图像语义分割是计算机视觉向视觉场景理解升级发展过程中的重要环节。图像语义分割技术可以通过对像素点分类的方式精准提取图像中的目标，降低图像信息获取难度。就目前来看，各种先进的智能化抠图算法层出不穷，并逐渐被应用到交通、教育、医疗等多个行业中，在各类场景中发挥着重要作用。

近年来，深度学习飞速发展，为图像语义分割技术的发展和应用提供了强有力的支持，但在实时性分割、小物体边缘分割等方面，图像语义分割技术还存在许多不足之处，未来，各方研究人员将进一步加大对图像语义分割技术的研究力度，提升图像语义分割技术水平。

6.3 基于深度学习的医学图像分割

6.3.1 基于深度学习的图像分割算法

相较于传统图像分割方法，基于深度学习的图像分割方法的主要特征在于对图像高层语义信息的运用，这标志着图像分割领域的深刻变革。

深度学习图像分割技术以一定的卷积结构作为工具，包括卷积神经网络（convolutional neural networks，CNN）和全卷积网络（fully convolutional networks，FCN），可在不依赖人工操作的前提下自动进行图像特征的学习并完成特征的提取。FCN 在 CNN 的基础上实施了一定的改进，不再使用 CNN 结构中的全连接层，转而采用全卷积层，这样做的目的是保持输入图像和输出图像尺寸一致，增加预测的精确性，将图像分割提升到端到端的级别。

下面基于深度学习的图像分割算法进行简单介绍。

（1）FCN

全卷积网络（fully convolutional networks，FCN）是深度学习在语义分割上的应用，在图像语义分割方面，它的意义在于构建了一个通用网络模型框架。卷积神经网络（convolutional neural networks，CNN）需进行多层卷积，完成此过程后引入多个全连接层，卷积层可形成特征图，对特征图实施映射操作得到特征向量，而后将特征向量分成不同的类别，这些特征向量的长度是固定的。FCN 的操作与 CNN 存在差别，其卷积处理总共有 8 层，卷积处理完成后对特征图开展上采样，这样做的目的是进行反卷积操作，随后在 softmax 分类后得到分割结果。

在使用 FCN 模型的情况下，通过高频次卷积操作得到的特征图在尺寸上较输入图大幅缩小，并且许多底层的图像信息在此过程中也未能留存下来，这样的图像不宜直接分类，否则分割精度将难以保证。针对卷积操作造成的图像缩减问题，FCN 通过反卷积 - 升采样结构来加以解决，在卷积前增加扩大图片像素的步骤，即对图片实施上采样操作，以起到补充图片丢失信息的作用，从而提升分割的精度。

FCN 是一种优缺点并存的图像分割算法。其优点在于通过图像的像素级分类为语义级图像分割问题提供了有效的解决方案，同时它的输入图像在尺寸上不受限制，如此图像的空间信息将得以留存。

FCN 的缺点在于通过上采样的方式获取的结果细节不够明显，另外在处理像素时采用的是分别归类的方法，对像素间的关系有所忽视，在空间一致性方面表现稍差。

（2）PSPNet

金字塔场景解析网络（pyramid scene parsing networks，PSPNet）通过场景解析完成目标的语义分割。CNN 为 PSPNet 提供位于序列末尾的卷积层的特征图，随后 PSPNet 通过金字塔池化模块获取各子区域的特征，对这些特征实施上采样和串联操作，得到特征表征，其中有上下文信息的整合，涵盖局部信息和全局信息，最后通过特征表征的卷积和 softmax 分类取得像素预测结果。

PSPNet 可整合局部信息和全局信息，在全局特征提取方面有着较好的表现，此外针对可能出现的信息损失能够采取有效的解决措施。与 FCN、DeepLab-v2、DPN 等模型相比，PSPNet 在分割精度上具备优势，展现出了较为出色的性能。

（3）DeepLab

DeepLab 属于深度卷积神经网络（deep convolutional neural networks，DCNN）模型，它运用了一种比较特殊的卷积操作，即 atrous 卷积，又称空洞卷积。atrous 卷积的卷积核上分布有孔洞，作用是掌控计算特征相应的分辨率，同时拓展卷积核的感受野，如此可以在采用与原先数量相等的参数且不进行额外计算的前提下，增加特征信息整合量。DeepLab 是一个系列模型，包含 V1、V2 等多个版本。

重复池化和下采样会影响到图像分辨率，另外空间不变性会造成图像的细节信息无法保存，针对这些问题，DeepLab V1 的解决方案是空洞卷积和全连接条件随机场（fully-connected conditional random field，FCRF）。

图像中各物体所采用的尺度有时并不一致，对此，DeepLab V2 采用了空洞卷积金字塔池化（atrous spatial pyramid pooling，ASPP）方法。

（4）MaskR–CNN

MaskR-CNN 是在 FasterR-CNN 的基础上发展而来的，是一种深度卷积网络，拥有较高的图像分割质量。

Mask R-CNN 有三项主要工作，分别是目标检测、目标分类和像素级分割。

Mask R-CNN 通过区域建议网络（region proposal networks，RPN）得到目标边界框，采用 ROI Align 的方式处理框内的感兴趣区（regions of interest，RoI），此操作将 RoI 分为多个子区域。在 Mask R-CNN 中多个并行的分支分别被用来预测分类、边界框回归、分割掩码，RoI 可从最后一个分支得到二分类掩码，分割 RoI 时使用的是 FCN。

6.3.2 深度学习在医学影像分割中的应用

在医学影像处理中，深度学习有着非常广泛的应用范围，几乎全部的影像学领域都有深度学习的参与，如病理学、神经学等。图像分割是医学影像处理中的重要步骤，医生需借此确定病变区域，以做出诊断并开展后续的治疗。因此，医学图像分割的准确与否在很大程度上决定着治疗的进展，而图像分割本身有着一定的难度，在这种情况下深度学习的作用显得尤为关键。

（1）医学影像分割的关键技术

深度学习在医学图像分割中的应用需要一定的技术作为支撑，下面将对这些技术进行介绍。

① 专用网络架构。目前，医学影像处理图像分割的专用网络架构有 U-Net、SegNet 等，它们基于传统卷积神经网络，并根据医学影像的特点做了一定的调整和改进。U-Net 配备有编码器和解码器，两者之间是对称的关系，此架构能够通过学习多层次特征来重建图像，从而提升分割的准确性。SegNet 则借助高精度的特征映射学习使图像分割结果变得更加精确。

② 数据增强技术。模型性能的提升需要用大量医学影像的标注数据进行训练，而这类数据一般并不充足，因此需通过数据增强技术获取更多数据。数据增强技术是对影像实施一系列操作，如旋转、裁剪、缩放等，通过改变影像的形态达到增加训练样本的目的。另外，影像在实际应用过程中会遇到各种环境，如高亮、昏暗、噪声、模糊等，可借助环境模拟提升模型在各类场景下的通用性。在数据增强技术的作用下，模型将具备更强的鲁棒性和泛化能力，取得更好的应用效果。

医学影像处理涉及图像分割、图像分类、目标分割等多项任务。在训练模型时采取多任务学习的思路，不局限于图像分割这一项任务，而是通过多任务共同训练使模型对任务间关系有一个整体的把握，这对于图像分割任务的处理将起到很好的帮助作用。举例来说，图像分类和图像分割是相互联系的两项任务，准确的图像分类有助于在图像分割上取得更好的效果，这两项任务的联合训练能够同时强化模型两方面的能力。

③ 增强学习技术。增强学习涉及机器同环境之间的交互，能够在最大程度上起到优化学习的作用。在医学影像处理中，图像分割结果在一定程度上取决于分割所采用的超参数和网络架构，因此这两项内容的选择是一项关键工作。在这方面，增强学习技术可提供帮助，提高图像分割的准确度。比如，图像分割的准确度与分割的阈值和分割线有关，可运用增强学习技术自动确定最合适的阈值和分割线。

（2）应用

人脑有特定的神经网络结构，深度学习是对这种结构的模仿，通过学习具备解决问题的能力。图像分割是按照语义将图像分成多个区域，从图像的背景中提取出目标，以便于后续的分析。深度学习可用于图像分割问题的解决，医学影像处理是基于深度学习的图像分割技术的主要应用领域之一。

① 肺部结节分割。肺部结节有可能是肺癌的早期症状，通过观察肺部结节情况可及时发现早期肺癌。具体操作时需将结节从肺部 CT 图像中提取出来。收集肺部 CT 图像作为深度学习的训练数据，经过大量训练后的深度学习模型将具备自动提取结节特征的能力，可用于 CT 图像的肺部结节分割。

② 心脏图像分割。心脏由左右心房、左右心室等多个部分组成，根据心脏图像的分割结果，医生得以确定病变出现的位置，做出相应的治疗决策。运用深度学习方法可准确地分割心脏图像，得到心脏各部分的特征信息。

③ 乳腺癌分割。早期乳腺癌的治愈可能性较大，通过乳腺图像的分割可及时发现病变，采取治疗措施以恢复健康。经过大量训练后，深度学习方法将能够从乳腺图像中提取乳腺癌的相关特征，帮助医生完成诊断。

6.3.3 基于深度学习的脑部影像分割方法

脑部分析需要用到脑部图像分割，在此方面深度学习的应用已较为广泛。借助深度学习方法，可将病变、大脑皮层等信息从脑部图像中提取出来，用于脑部疾病的诊断或脑部结构的研究等。

计算机断层扫描（computed tomography，CT）是一种常用的医学检验手段，通过分析医学图像掌握患者身体各器官的状况，为诊断和治疗提供参考。过去，扫描基本由医生来操作，专业能力强、经验丰富的医生能够根据扫描结果对患者病情做出准确判断。不过，培养一名素质合格的医生并非短时间内能完成的工作，所以无法保证有充足的人员来执行扫描操作。另外，在长时间工作或情绪不稳定的情况下，医生也会出现判断不准确的情况，有可能造成误诊并引发严重后果。

在这样的背景下，将深度学习引入图像扫描是一项很有必要的举措，能够更有效地保证判断的准确性。扫描会产生各种医学图像，需对这些图像进行分割，将目标从背景中提取出来，目标可能是需要检查的某个特定部位，也可能是结节、肿瘤等病变。

MRI 图像等医学图像与一般的图像存在较为明显的差别，其对比度、信噪比、光强比较低，这是因为在获取医学图像时使用的是医疗检验设备，而非常规的摄影设备。另外，人体的器官并不是静止的，其姿态和形状会发生变动，并且不同人体内的器官形态各异。由医学图像的特殊性所决定，在进行图像分割时要面临更大的困难，并且需要为其设计专门的算法。

为了更好地展现医学图像分割的难点，下面将以脑区域的图像分割作为示例来进行一番解释。

（1）难点介绍

① 从非脑部区域中分离出脑部区域。分离脑部区域与非脑部区域有一定难度，有的非脑部区域与脑部区域比较接近，比如头部区域等。在 MRI 图像中，脑组织的一项较为显著的特征是其亮度，基于亮度分割脑部区域从理论上看似乎是可行的，但是这种方法会受到图像中噪声、部分容积效应等的影响，判断的准确性无法保证。

② 权衡扫描时间与对病人的影响。扫描时间和图像质量成正比关系，因此可通过延长 MRI 扫描时间的方式得到分辨率更高的图像，进而取得更好的分割效果。不过，扫描的时间越长，意味着病人处于放射环境中的时间也越长，这有可能对病人的身体产生影响，因此要在充分考虑到这一点的前提下决定是否延长扫描时间。

③ 基于独立像素 / 体元亮度分割所要求的背景差异。脑区域图像分割可采用基于独立像素或独立体元亮度的分割方法，不过此方法得以成立的条件是目标与背景在亮度上有较为明显的差别。针对此要求，模糊聚类算法 Fuzzy C-Means（FCM）是比较有效的方案，该算法也可用于处理噪声图像。不过，FCM 算法的成功是有前提的，它在像素信息上做了取舍，只取像素的灰度信息，未使用空间纹理信息。

④ 降噪与细节的权衡。噪声会对位置和空间形成约束，而两项约束之间并没有联系，因而可由噪声的分布特点入手来进行降噪。不过，降噪需实施平滑操作，不存在噪声的空间信息将因此受到影响，用这样的方式处理图像，会导致部分图像细节无法留存。所以，要在降噪和保留细节之间做出适当的权衡。

（2）难点解决思路

① 脑组织预分割。可通过 MRI 数据预处理手段提升分割的准确性，此过程的关键步骤是移除背景体元。脑组织预分割能够起到提取脑部组织的作用，另外有的非脑部区域与脑部区域在亮度上差别不明显，比如头骨、颈部等，借助脑组织预分割可将脑部区域从这些区域中分离出来，以便于分割脑区域内部。

② 空间信息利用。前面曾经提到过，MRI 图像中存在噪声、部分容积效应等干扰因素，这些因素会对基于亮度的图像分割方法的准确度产生影响。针对此问题，可行的方案是对图像的空间信息加以利用，提取结果有两种表示方式，mask 或只包含脑部组织的新图片，而后将结果引入分割算法。

针对将空间信息引入基于亮度的图像分割方法的问题，这里介绍一种具体的方案以供参考，即 FCM 和马尔可夫随机场（Markov random field，MRF）的方案，借此可实现更加准确的图像分割。FCM 和 MRF 有着各自的优势和作用，前者具备较为出色的分析利用图像亮度信息的能力，后者能够建立图像空间和上下文关系的模型。

6.3.4 医学图像分割的应用挑战与实践对策

（1）应用挑战

目前，基于深度学习的图像分割技术的应用已较为广泛，覆盖了多种常见疾病的影像处理场景，不过技术应用所面临的挑战也是不可忽视的。

首先，在用于图像分割前，深度学习需接受相关的训练，这个过程要用到数量甚多的标注数据。医学影像数据的标注并不是一项简单的工作，需交给具备专业能力的医生来做，由于医生人数有限且标注只能采用手动的方式，数据标注需要花费较长的时间，同时也将产生大量的成本，另外人工操作无法很好地保障数据标注的质量，标注不准确的情况时有发生。

其次，深度学习方法的计算效率是个问题，尤其是在面对大型医学图像时，深度学习方法通常无法在较短的时间内完成处理。而时效性对于临床治疗来说非常重要，很多情况下临床医生需要随时获取图像分割结果，等待和延误可能会造成完全不同的治疗结果。

另外，许多深度学习方法本质上是一种黑箱模型，在可解释性上有所欠缺，只能提供预测结果，无法给出相应的原因和依据，而在临床领域，现象背后的原因及预测结果的整个推导过程是很关键的信息，是医生后续决策的重要参考。

综上，深度学习方法能够在医学图像分割中发挥关键作用，凭借准确的分割结果为疾病的诊断和治疗提供重要参考。不过，深度学习在医学影像处理领域的应用尚存在一定的挑战，这些挑战来自数据标注、处理效率、模型解释等方面，对此需在未来采取有效措施加以克服。

（2）实践对策

① 弱监督学习。弱监督学习是在开展模型训练时使用非常规状态的标注数据，这些数据或者有残缺，或者存在噪声等干扰。由于医学影像标注数据不易获取，可在现有数据上添加图像标签或结构约束条件等，以此得到新的标注数据，增加用于模型训练的数据量，延长训练时间。

② 可解释性的深度学习方法。可解释性深度学习方法可用于解决模型可解释性的问题，这类方法包括注意力机制、可视化技术等。运用此类深度学习方法，模型能够提供关于预测结果的解释，给出相应的推理过程，增强预测结果的说服力和提高可用性。

③ 增量学习。增量学习即通过吸收新数据进一步开展模型的学习，不断对现有模型进行优化，由此模型的性能将不断得到强化。医学领域总是会出现新病例，相应地医学影像数据也处于持续的更新中，利用新数据开展分割模型的增量学习，经过更新的模型将具备更强的适应性和更加出色的性能。

就目前而言，基于深度学习的图像分割技术在医学影像处理领域的应用成果总体来讲值得肯定，医学图像分割结果成为临床判断和决策的重要参考内容。技术应用的挑战主要来自标注数据、模型可解释性、计算效率三个方面，下一步要凭借正确的技术方向和有效的技术方案克服这些挑战，持续优化应用效果，为临床医学提供更有力的支持，提升整体医疗水平和人们的健康质量。

第 7 章

机器视觉的缺陷检测技术

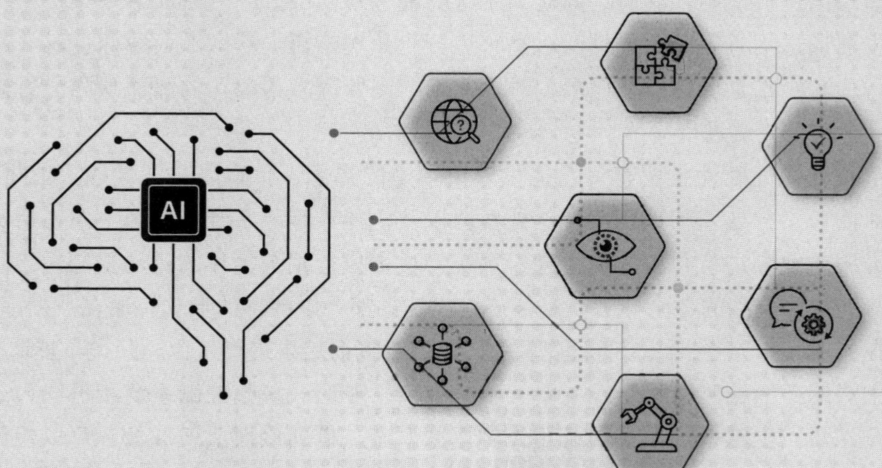

7.1 汽车漆面缺陷检测技术与应用

7.1.1 隧道式缺陷检测系统

随着用户汽车消费认知的提升与应用需求的更新，漆面外观和质量逐渐成为影响汽车销量的重要因素，被置于汽车行业内部的聚光灯下。汽车漆面质量受汽车工艺、生产环境等多种因素的影响，涂层表面往往会因为各种不可抗力而产生缺陷。当前，涂装漆膜缺陷检测依旧以人工为主，存在检测误差较大、成本较高、周期较长等问题，且由于人工检测的主观性，难以保证车辆涂装漆膜质量处于同一标准线上，导致产品的质量瑕疵，这些都对企业的发展形成了制约。

近年来，随着智能化、数字化技术与工业制造融合程度的不断加深，涂装漆面缺陷的检测主体也逐渐由人工转向各种智能化设备，其中，机器视觉发挥着重要作用。作为人工智能的一条分支，机器视觉展现出高精度、智能化和高可靠的特点，这也为漆面缺陷检测系统的研发提供了支撑。基于机器视觉的检测方法有助于优化漆面质量，提升漆面检测效率，降低漆面检测成本。

汽车漆面缺陷包括表面存在的颗粒、纤维、钣金、外伤、缩孔等。漆面缺陷检测系统本质上是使用能够模拟人类视觉功能的机器人对汽车漆面进行检测，并对各类漆面缺陷进行识别。漆面缺陷检测系统一般包括两部分：一是前端采集传输，该部分主要通过相机等工业传感器对整车进行全角度拍摄，获取漆面图像信息，并对其进行传输；二是后端处理显示，对接收到的图像信息中存在的漆面缺陷进行处理和识别，并在终端进行显示。

系统的物理硬件主要有负责提供采集环境的光源、负责采集图像的工业相机、负责对图像进行处理和识别的视觉处理器以及机器人等；系统软件则主要包括负责模拟人眼对缺陷进行判断的视觉分析系统和负责执行相关动作的运动控制系统。系统在漆面缺陷检测的各个环节以及最终输出结果都会以数据的形式存储在数据库中，同时在必要时也能够接入车间管理系统，以便对查询结果进行整合、归类与查询。

主流的漆面检测技术路线主要有两个方向：隧道式缺陷检测系统和机器人式缺陷检测系统。上述两类系统均运用光学成像原理，借助镜面反射成像，可以检测出各类漆面缺陷，但同时受制于其成像原理，上述两种检测系统仅能对无遮挡区域和外板区域存在的缺陷进行识别。

下面首先对隧道式缺陷检测系统进行简单介绍。

隧道式缺陷检测系统利用门拱框架进行光源和相机的固定，如图 7-1 所示。

该系统的检测硬件主要包括主检测站和尾门检测站，分别安装在不同位置，用

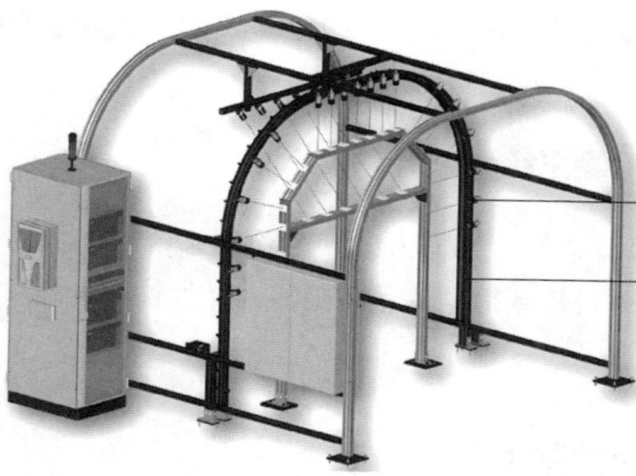

图 7-1 隧道式缺陷检测系统门拱框架

于对车身不同部位的检测。其中主检测站用于检测人眼正视图所涵盖的范围，包括前盖、顶端以及两侧面，其位置在面漆存储线上；尾门检测站则主要用于车辆后盖检测，其安装位置在出口处的横移机上，具体如图 7-2 所示。

图 7-2 隧道式缺陷检测系统组成

系统在检测过程中主要利用编码器和激光测距仪实现对车身毫米级的高精度定位。此外，通过条纹光反射凸显出车身漆面的瑕疵，随后采用高清相机对车身进行快速拍摄，完成图像采集并输入到系统中。

后端视觉分析系统对前端获取的图像进行增强、降噪等处理，随后进行识别，将漆面缺陷的位置、面积、种类以及在车身上的投射图作为检测结果进行输出。

隧道式缺陷检测系统在检测精度和缺陷识别率等方面都有良好表现，其最高精度可达到 0.4mm，缺陷识别率超过 90%，每车检测周期约为 30 ～ 60s，每条检测线每小时可完成 120 台车辆的检测，一条生产线的投资约为 500 万～ 800 万元。此类缺陷检测系统的优势在于内部结构复杂程度低、适应性强，可以通过调整软件参数实现对不同车型的检测，且日常维护成本较低，但由于其光源及相机布置的局限性，此类检测方式无法获取 3D 图像信息，在面对钣金、缩孔等类型的缺陷时，难以保证识别效果。

7.1.2 机器人式缺陷检测系统

相较于隧道式缺陷检测系统，机器人式缺陷检测系统使用机器人代替门拱框架进行光源和相机的布置，4 台搭载检测单元的机器人作为检测硬件被安装在面漆烘房出口的在线检查工位上，如图 7-3 所示。

图 7-3　机器人式缺陷检测系统示例

检测单元实现了光源和图像采集功能的集成，通过 LED 显示屏对不同的光源模式进行显示，以提升操作和控制的便捷性。机器人式缺陷检测系统通过变换机器人的位姿来覆盖车身各待测区域，并提供单色光和条纹光的光源模式，对车身待测表面选择不同光源模式进行投射和检测，进而获取漆面的 2D 图像和 3D 轮廓信息，以供识别。

机器人式缺陷检测系统在精度方面表现优异，其最高精度可达 0.2mm，缺陷识别率在 95% 以上，车辆检测周期为 60s，每条检测线每小时可完成 60 台车辆的检测，一条检测线的投资数额为 400 万～ 800 万元。机器人式缺陷检测系统的优势在于精度高、车型适应性好，且缺陷类型覆盖率高，能够识别出隧道式缺陷检测系统难以发现的 3D 缺陷、凹凸变化等，但其缺点在于系统结构复杂、对场地空间要求较高。

7.1.3 汽车漆面缺陷检测算法

检测算法对漆面缺陷的识别包括以下四个环节：

① 图像采集，即借助工业相机等信息收集部件捕捉车身各个部位的漆面图像信息。

② 预处理，即针对图像进行的灰度化处理、图像降噪、干扰区域剔除等操作，对图像的关键特征进行增强，以便于对漆面缺陷进行检测。

③ 特征提取，即在一定的度量法则的指导下筛选出符合要求的缺陷特征，以将图像中有缺陷的漆面与正常漆面进行剥离。

④ 分类决策，即确定一部分对比指标与标准，在标准的指导下对不同的特征进行识别和归类，主要用于漆面缺陷的分类，决策结果是后续打磨抛光等缺陷修复操作的依据。

以特征提取和分类决策作为归类依据，当前主流的漆面缺陷检测算法可分为以下两类。

（1）传统图像算法

传统图像算法中的特征提取和分类决策对于人工调试的依赖性较强，前者需要专业人员设计专门的提取器，且需要大量的专业知识与较长的设计周期，后者的规则引擎也需要依赖专业人员完成，这些专门设计的策略与规则存在较强的对应性，适应能力以及面对陌生数据的表现较差。

结合其在应用场景中的具体实施来看，在检测过程中首先要在颜色、灰度、形状等维度上对缺陷进行数值切分与评估，随后在切分评估结果的指导下在图像上定位到对应的特征区域，并使用记号与其他区域做出区分。传统图像处理算法库在这一过程中发挥着重要作用，借助编程语言调用出与待检测图像适配度较高的算法，能够大幅提升检测效率，常用的算法库包括 OpenCV、Halcon 和 Vision Pro 等，而典型的检测算法则包括 Sobel 算子、Prewitt 算子、Canny 算子等。

其中，Canny 算子属于边缘检测算法，在检测过程中通过对图像的信噪比、定位精度、单一边缘响应等指标进行预设，从而保证检测的准确性。为确保上述三项指标设定原则应用的稳定性，Canny 算子以一阶微分算子为基础，进一步引入了非极大值抑制和双阈值对算法进行优化，其中前者能够确保检测过程中始终对局部最大值进行筛选，从而确保多边响应的准确性和边缘定位的精度；双阈值则能够通过图像前景与背景的差异化保证检测对边缘区域的全覆盖。该算子的检测算法流程如图 7-4 所示。

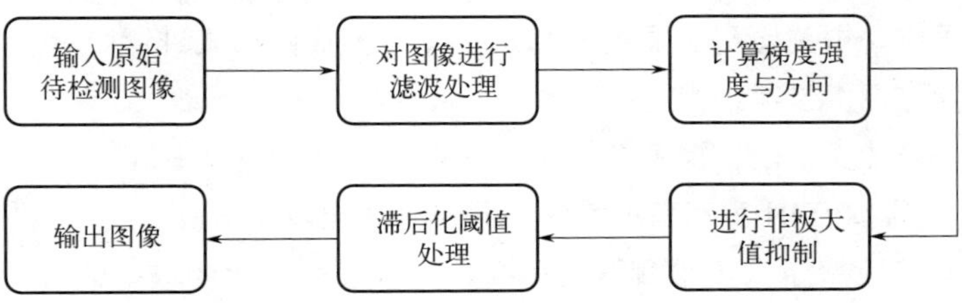

图 7-4 Canny 边缘检测算法流程

（2）深度学习算法

深度学习算法主要通过卷积神经网络（convolutional neural networks，CNN）对图像数据进行特征提取与分类。通过大量数据样本的训练，CNN 能够有效学习到图像中的特定特征，从而显著提高图像识别的精度和效率，其所提取的抽象特征具有更强的抗干扰能力和对新鲜样本的适应能力，但是此类检测方法对数据集的要求较高。

基于深度学习的缺陷检测方法本质上是通过对海量缺陷图像数据进行学习，从而挖掘这些数据的深层共性，形成具有识别经验的模型，让机器像人一样将所学习的数据知识沉淀为经验，从而能够准确检测出缺陷。深度学习的常用框架包括 Pytorch、TensorFlow 等，用于缺陷检测的常见目标检测网络有 Faster R-CNN、RetinaNet、YOLO 系列和 DETR 系列等。

YOLO 系列的目标检测网络在汽车漆面缺陷检测领域应用非常广泛，作为基于端到端的深度学习算法，其仅需一次前向传播即可完成检测和分类，具有速度快、精度高等优点。采用“骨干网络 - 颈部网络 - 检测头”标准网络结构的设计，可有效提取目标的多维度可辨别特征，有效应对目标多尺度、背景复杂等问题，展现出较高的鲁棒性和较强的泛化能力。此外，可根据检测需求与侧重不同，以 YOLO 系列为基础调整并优化其网络结构，使其灵活满足实际工业现场的部署条件与应用要求。

总而言之，深度学习算法通过数据驱动图像处理，取代了传统的人工设计特征，展现出高精度、高效率和低成本的优势，并随着技术发展不断提升其场景覆盖能力，但传统图像算法得益于其完善的体系与平稳的运行特点，在现实应用中仍有一席之地。

7.1.4 机器人式漆面缺陷检测系统应用案例

浙江大学在某主机厂成功研发了一套机器人式漆面缺陷检测系统，如图 7-5 所示。该系统部署在涂装车间的生产线上，由 4 台工业机器人以及固定在各机器人末端的 1 个可编程面光源和 4 个高分辨率工业相机组成。4 台工业机器人并行工作，带动光源和相机按照相应轨迹扫描整个车身表面，以获取高质量车身图像。利用基于深度学习的计算成像技术和检测算法对其中存在的缺陷进行识别、定位以及分类，实现高精度质检。相关检测结果通过大屏幕以UI界面的形式进行展示，为后续打磨、抛光等修复操作提供参考。

据统计，该漆面缺陷检测系统的检出率高于 96%、误检率低于 5%、检测精度可达 0.2 mm，满足 60 JPH 生产节拍需求，同时可适配多种车型混线检测并兼容多种颜色的车辆，有效克服了人工检测漏检率高、一致性差、检测效率低等问题，单班可节省 4 ～ 5 人、双班可节省 8 ～ 10 人的人工成本。

图 7-5 机器人式漆面缺陷检测系统硬件

随着“中国制造 2025”战略的提出，数字化与工业化的深度融合正推动制造业迈上新的台阶，通过在汽车漆面缺陷检测中引入机器视觉技术，将有助于进一步提升制造业的智能化、自动化水平，加快现代化工业体系的建立。

7.2 玻璃表面缺陷检测技术应用

7.2.1 传统玻璃检测存在的问题

随着工业技术的发展，玻璃实现了大规模量产，玻璃的类型与适用场景也趋向多元化。当前，无论是日常应用、工业生产还是科学研究，玻璃都成为不可或缺的重要材料，广泛应用于建工建材、日用品材料、医疗用具材料、艺术材料等相关领域。

基于扩大生产规模、缩减生产成本的需要以及现代自动化、智能化技术的发展，越来越多的制造企业将机器视觉作为生产过程中生产线质检、缺陷识别的解决方案，以实现提质增效，在此背景下，视觉检测开始被引入玻璃产品的缺陷检测中。

在生产制造过程中，玻璃成形要受生产工艺、生产环境、生产材料等因素的影响，表面或内部常会出现气泡、结石、斑点等缺陷。同时，生产过程中产生的缺陷如结石、砂粒等又可能会在运输等过程中进一步形成划痕。此外，随着玻璃应用需求的不断增加，越来越多新的加工设计工艺被引入，而这些新式的加工设计工艺往往会采用磨边、挖空等通孔、打磨工艺，这些工艺的应用不可避免地会在玻璃表面形成裂纹、缺损等缺陷；同时由于玻璃运送、保存等因素也会在玻璃表面形成各种污渍。

玻璃表面缺陷不但会破坏美观、影响使用，还可能会导致器皿或组件出现爆片风险，如开口泡和结石就是需要重点识别的危险性缺陷，此外常见的缺陷还有起泡、凹凸、色斑、划伤等。传统的玻璃检测更多地依赖于人工，通过人眼基于经验对玻璃表面的缺陷进行判断，这种方法存在较多的缺点：

① 人工检测难以实现标准化与规范化，检测过程中受操作人员的心情、认知、外部环境影响大，难以确保所有完成检验的产品处于同一标准线上；

② 人工检测的精度有限，如面对开口泡和结石等缺陷，当尺寸在 0.5mm 以下时，人眼难以发现，在检测过程中易出现错检和漏检；

③ 人工检测的工作状态难以保证，无法进行长时间的连续性工作，且随着时间的推移，检测的速度、精度都会有所下降。

尤其是在各种新的产品需求的影响下，玻璃制品的尺寸不断加大，内外壁也越来越轻薄，人工检测时的操作难度进一步加大，且随着各类经销渠道的拓展，产品的交付周期缩短，这就要求制造商拥有更高的生产效率，而这些都是人工所不能满足的。此外，随着经济的发展，人工成本也不断上升，这也进一步制约了企业的经营扩张。

以 iPhone OEM 工厂为例，在其生产过程中，仅外观检查所占用的人力资源就超过了 30%，年产品外观检测人力支出达到了 48 亿元人民币，且随着国内工资水平的提高，劳动力成本也将在未来呈现出不断上升的趋势。

因此，为了保证企业生产模式符合市场的发展趋势，企业需要进一步缩减人力成本，同时提高检验效率与质量，针对这一现状，基于机器视觉的玻璃缺陷检测技术是最佳的解决方案，通过内置的智能化算法和外接的传感设备，检测系统能够模拟人眼进行玻璃表面信息的输入及判断，精准、高效地识别出产品表面的缺陷。

7.2.2 玻璃表面缺陷检测系统原理

玻璃是一种非晶无机非金属材料，可应用于建筑、汽车、家电等多个领域，为人们的生活带来方便。在制造过程中，玻璃表面可能会出现划痕、气泡、脱附等问题，这些问题的存在会在一定程度上降低玻璃的美观度、强度和耐久性，因此，为了充分保证玻璃制造的品质，玻璃制造行业需要加大对玻璃表面缺陷检测系统的研究力度，提升检测的准确性和高效性，实现高质高效生产。

玻璃表面缺陷检测系统应用了图像处理技术和机器视觉技术，可以利用传感器设备采集位于检测平台上的玻璃的图像信息，并利用图像处理算法进行图像预处理，减少噪声和背景干扰，提升对比度和清晰度，以便精准识别玻璃表面缺陷。

从检测流程上来看，在完成图像预处理后，系统还需对缺陷进行检测和分类。一般来说，玻璃表面缺陷大致可分为划痕、气泡和脱附等几种类型，系统需要采用不同的检测算法和模型实现对各类缺陷的检测。例如，当玻璃表面存在划痕时，系统将会采用边缘检测算法和形态学处理方法采集划痕的轮廓和边界信息；当玻璃表面存在气泡时，系统将采用图像分割算法和形状特征提取方法采集气泡的位置和尺寸信息。

不仅如此，玻璃表面缺陷检测系统还融合了特征提取和模式识别技术，可以实现缺陷评估和判定功能。在完成缺陷检测和分类后，系统会采集缺陷区域特征，如纹理、颜色、形状等，并充分发挥机器学习算法的作用，对分类模型进行训练，以便进一步评估和判定缺陷。具体来说，系统可以利用支持向量机（support vector machine，SVM）算法将缺陷划分为不同的类型，并衡量各类缺陷的严重性，从而判定缺陷的优先级。

除此之外，玻璃表面缺陷检测系统还可以根据检测结果生成相应的图像、表格或报告，并发送给操作人员，为其了解玻璃表面的缺陷情况提供方便，同时，操作人员可以根据这些可视化的信息及时修复缺陷，系统也会留存检测结果，以便进一步优化生产过程，提升生产质量。

总而言之，玻璃表面缺陷检测系统融合了图像处理和机器视觉技术，可以实现对玻璃表面缺陷的精准、高效、自动化的检测、分类、评估、判定和处理，同时也可以以可视化的形式呈现各类缺陷，为相关操作人员及时处理玻璃表面缺陷提供方便，为提升玻璃制造行业的生产质量和生产效率提供支持。

7.2.3 机器视觉玻璃表面缺陷检测技术

基于机器视觉技术的玻璃质量检测可分为图像获取、图像处理和缺陷识别分类两个主要环节，如图 7-6 所示。首先，LED 红光作为光源照射待检测玻璃产品，为图像收集创造条件，通过 CCD 相机靶面通过出射光是否均匀初步判断玻璃中有无缺陷，并将信号输出至图像采集卡处；随后，图像采集卡通过数字化手段对图像进行区域分割、特征提取等预处理，并将处理后的图像传送至计算机中，计算机算法进一步对图像进行识别和归类；最后计算机通过显示屏展示输出结果，完成玻璃智能检测。

从结构来看，玻璃表面缺陷检测系统的硬件构成部分有 LED 红光、光学镜头、

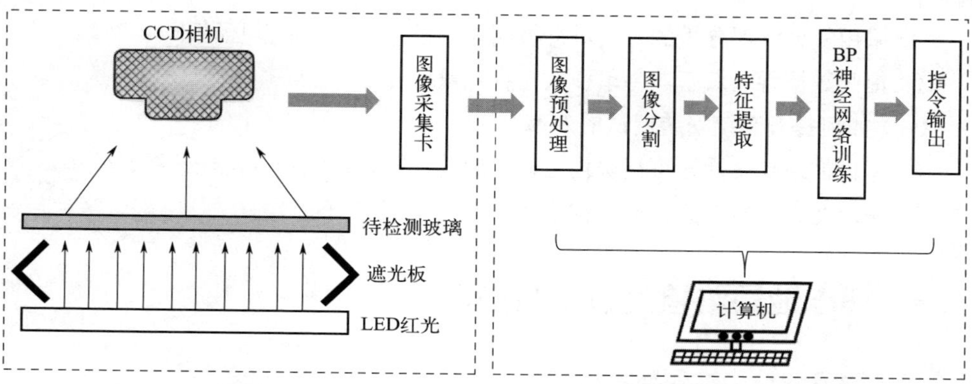

(a) 图像获取　　(b) 图像处理和缺陷识别分类

图 7-6 机器视觉玻璃表面缺陷检测技术流程

摄像机，主要负责创造图像采集条件及进行图像采集；计算机作为控制中心负责下达各项动作指令以及搭载算法对图像进行处理和识别。

在缺陷检测的过程中，不同的部件发挥着不同的作用。在图像采集环节，通过LED红光进行采集环境的创设，此过程需要对光强、光源位置、光照角度等进行严格的控制，随后由工业摄像机从不同角度不同方向对待检测产品进行拍摄，随后将所获取的图像通过高速串行线传输至计算机处，由算法软件在图像数据库的支持下实现对图像的比对以及对缺陷的识别，完成检测过程。

基于机器视觉检测技术的玻璃表面缺陷检测系统在进行图像的处理与识别时，需要软件平台和机器视觉库的共同配合，对玻璃缺陷图像进行降噪、增强、边缘检测以及特征提取，随后与机器视觉库中的缺陷数据信息进行比对，进一步确定缺陷类型。为了更好地保证检测过程中的精度，提升检测系统的兼容性和适应性，检测系统支持软件功能和界面的个性化定制与开发。

以下是对基于深度学习的玻璃表面质量检测的关键技术的介绍。

（1）如何确保检验对瑕疵的全覆盖?

① 增加每个工位的打光方式，引入多通道高速频闪成像技术，增加图像采集的覆盖能力。

② 提高成像的分辨率，确保微小瑕疵能够被检出。

（2）如何实现缺陷的分级检测，以便提高后续缺陷处理的精准性?

① 增加光源数量，实现待检测玻璃的分层立体成像。

② 进一步优化检测算法，融合深度学习、图像特征提取等多个模式实现智能化识别，配合图像数据库实现对凹凸、结石、开口泡和闭口泡的检验。

（3）如何避免压延辊不同对光伏玻璃等特殊玻璃的压花造成的影响，提升检测适应性?

① 采用复合纹理分析的方式对待检测玻璃进行识别，消除压花干扰。

② 提升数据吞吐效率，将单秒数据吞吐量提升至400MB。

（4）如何提升系统安装调试的效率?

① 将机械结构设计为可模块化组合的形式，降低组装难度，提升组装效率。

② 采用龙门式多组线扫描结构框架。

7.3 锂电池缺陷检测技术与应用

7.3.1 锂电池缺陷检测与定位技术

机器视觉这一高新技术在智能制造的生产环节中有着广泛应用，应用这一技术的检测设备，其扫描、测距、定位功能的精准度比人眼更高，能够全天候工作，且拥有许多人眼所不具备的附加功能。机器视觉为智能制造中的缺陷检测提供了技术基础，在生产线上搭建缺陷检测系统替代人工检测能够有效提高工作效率与准确率。现以锂电池表面缺陷检测为例，介绍缺陷检测系统的基本架构与工作流程。

缺陷检测系统的功能如下：首先，由于工艺流程设计的特异性，锂电池表面缺陷往往具有某种共性特征，通过分析生产过程中的检测数据，能够开发出针对性的检测算法；其次，基于深度学习技术，能够对不同种类的表面缺陷进行分类，并分别建立数据库；再次，使用嵌入式软件开发工具 Qt Creator 开发检测功能平台，赋予系统缺陷识别与检测、检测结果可视化等交互功能。

现针对锂电池的工艺流程设计，提出一套专门用于检测锂电池表面缺陷的缺陷检测系统，该系统由多个模块组成，包括图像的识别、加工模块，图像数据的储存、分析模块，用户界面模块等，是一个兼具软件与硬件的架构。硬件模块包括几个相互配合的装置组件，如图像识别模块的组成包括光源、相机、光学传感器等；软件模块则囊括多项功能，如图像加工模块能够支持图像降噪、效果增强等操作。基于机器视觉与深度学习的技术基础，缺陷检测系统的各个组成部分高效协同工作，通过用户操作界面进行人机交互，完成锂电池表面缺陷检测工作。

印刷电池表面图案发生错误是锂电池较为常见的表面缺陷。为了防止图像识别时出现遮挡、偏移等情况，需将车辆泊至目标位置，保证缺陷检测系统正常成像。

若要获取锂电池的三维姿态特征，可以先提取电池在二维图像上的坐标，这一过程首先需要使用 FAST 特征检测识别像素点，获取图像上特征点的位置；再通过 BRIEF 描述子描述目标信息，匹配这些特征点。提取二维坐标后，需要结合特征点的匹配结果将二维坐标整合到三维坐标系中，得到立体的锂电池图像模型。所需的三维姿态特征包括坐标信息、位置信息以及描述子的信息。

为实现对三维物体的跟踪与定位，需要在物体姿态识别的过程中完成三维物体注册。第一步，通过识别二维图像将物体的特征、边缘等关键信息提取出来，根据这些信息，可以明确特征点的关联状态；第二步，根据这些特征点的联系，得出其在三维空间的坐标；第三步，综合二维图像与三维坐标信息，匹配特征点以及描述子信息。通过以上步骤，可以明确物体的三维坐标，以便持续对其进行跟踪定位。

完成物体注册后，需要将模板特征储存下来，使用相机拍摄电池表面的图像，并通过 Oriented FAST 和 Rotated BRIEF 两个步骤将电池图像的特征提取出来，与图像模板结合进行匹配，计算出大图像中符合模板描述的特征点。在以上步骤中使用 RANSAC 算法，能够排除异常值对特征匹配的影响，使姿态识别的结果更精确。

7.3.2 锂电池缺陷图像分类技术

缺陷图像的分类需借助深度学习技术实现，而反向传播神经网络（BPNN）是深度学习的基础，其模型包括输入层、中间层与输出层，输入层的角色是接收数据，中间层往往有不止一个，第一中间层接收数据后不断将数据处理、传递，输出层根据最后一个中间层传递的数据计算并输出结果。不同层级之间是通过权重连接的，而反向传播神经网络可以反复调整权重，让运算结果不断接近现实情况。

锂电池的缺陷图像分类的过程与之类似：不断获取缺陷特征，在分类缺陷的过程中建立特征数据库，并将特征加入数据库中，训练分类模型，这个过程如图 7-7 所示。

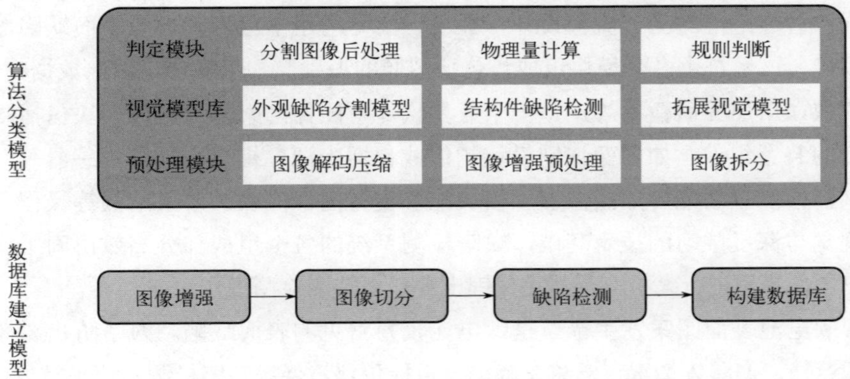

图 7-7 算法分类模型及数据库建立模型

（1）缺陷分类数据集建立

深度学习是神经网络发展到一定程度后衍生出来的拓展应用，具体是模仿人脑的神经结构，从已有知识中学习，强化感知与决策能力。通过深度学习，计算机能够将复杂的概念分层，从而解决无法用形式化语言描绘的难题。深度学习的效果取决于所使用的资料集合的优劣，优质的资料集合内部数据符合一般规律，同时数据的联系、结构更具特点，是训练神经网络的理想材料。大规模图像资料集合的特征往往比较明显，这能够为数据提供更显著的标签，通过监督学习训练识别算法，解决分类问题。

随着深度学习的积累，资料集合中数据的分类将越来越清晰，计算机越来越依赖图像数据上的缺陷特征，很容易发生过度学习的问题，要解决这一问题，需通过建立标签，提高用来训练模型的图像数据集的质量。

锂电池表面缺陷分类主要有凹陷、浮高、缺损、异色、划伤等。凹陷、浮高主要由生产过程中的温度不均引起，体现在图像上是明暗相间的斑块；缺损的主要原因是工艺程序编写不当或切削工件损坏导致的表面不平；异色是由于丝网印版使极片断裂产生的，体现为图像上突兀的亮点；划伤是由平面研磨时刀片方向不正确引起的。通过建立数据集，将以上几种类型的缺陷在数据集中分类，能够为深度学习提供样本。

（2）缺陷分割数据集的建立

缺陷检测系统能够对输入的图像进行缺陷区域划分并匹配特征点，再参照已有的图像数据的特征，一一分辨缺陷的类型。图像的采集通过线阵相机进行，线阵相机能够拍摄连贯的流水线图像，并将图像相互连接形成大尺寸图像。

在训练分类模型时，可以使用深度学习图像标注软件 Labelme 标注各缺陷类型的标签，表面缺陷主要有不平整、异色和划伤三种。经比较可知，在同轴光的均匀照明条件下，锂电池表面轻微的划伤成像最清晰；而在明场照明时色彩较为鲜艳，锂电池表面的亮点（异色）更突出。

7.3.3 基于 Qt Creator 的检测平台

现使用 Qt Creator 软件开发工具进行用户 UI 的设计，如图 7-8 所示，该项工作包括四个方面的内容，分别是登录界面、实时控制与缺陷检测界面、缺陷识别界面与数据管理界面板块。四个板块都涵盖若干子功能，相互配合，完成综合检测过程。

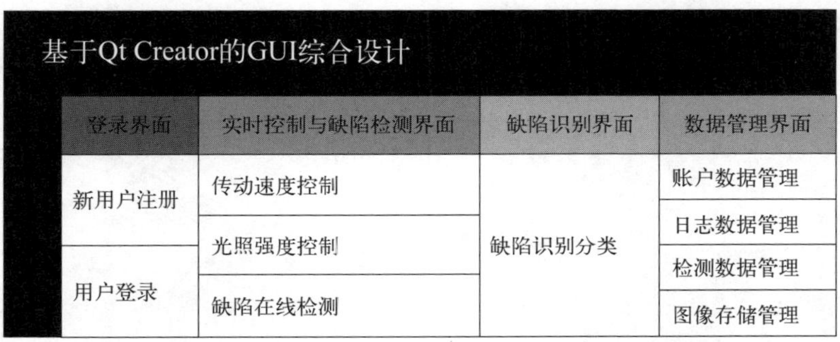

图 7-8 基于 Qt Creator 的 GUI 设计框架

现使用该操作界面，从每种缺陷类型样本中选取一定数量的图像，每种图像的缺陷类型是唯一的，但缺陷数量不等。每个图像样本的分辨率固定，通过该平台对样本缺陷检测的结果进行统计。在各种表面缺陷类型中，脱碳的漏检率最高，其次是异物。检测难点在于这两类表面缺陷分布范围较小，图像灰度与正常涂布类似，因此不易识别。

人工智能从根本上改变了生产的逻辑，重塑了产品的生产流程，各种高新技术的应用带来的直观改变就是产品质量的提高，这离不开智能检测的帮助。

纵观智能检测系统的工作流程，首先是通过高精度的线阵相机获取材料的高质量图像，这一过程通过应用机器视觉技术代替人眼，并发挥出比人眼更强大的观测、记录功能。其次是通过图像处理模块对采集的图像进行效果增强处理，突出图像反映的材料表面信息，使其位置姿态、缺陷种类等可以被计算机识别出来，进而实现检测功能。这一过程实际上是以人脑理解复杂过程的能力指导机器，并充分发挥计算机处理大量数据的能力，发掘人眼可能错过的数据信息，实现人机优势互补。

智能检测技术的潜力有待挖掘，尤其是锂电池表面缺陷检测等一些应用场景，由于现有技术能力较低，还关系到用户的人身安全，因此责任重大，未来智能检测将在其中发挥更加重要的作用。

第 8 章

机器视觉的行业实践

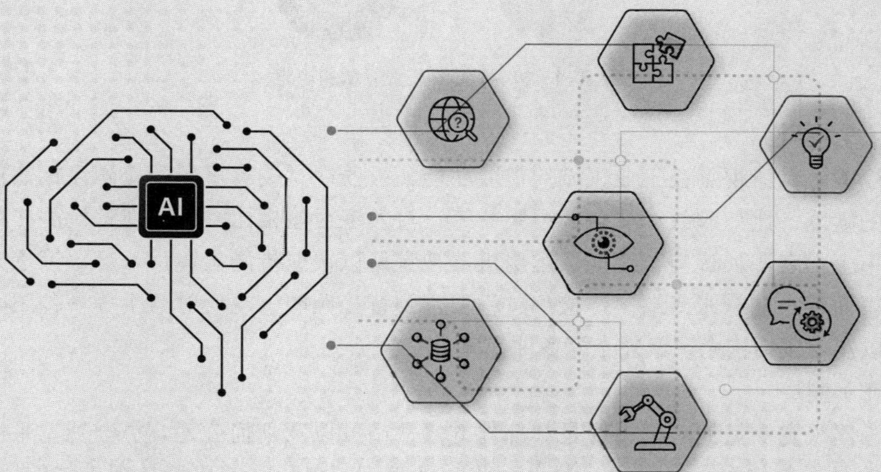

8.1 机器视觉在汽车工业中的应用

8.1.1 机器视觉赋能智能工业

机器视觉技术在工业领域的应用越来越广泛。以电子制造行业为例，SMT（电路板表面贴装）加工已采用了AOI/SPI技术进行检测工作，过去以2D视觉为主的AOI/SPI检测已开始使用3D视觉技术。除了质量检测，3D视觉还可用于机器人导航、零件三维测量等。比如，运用3D视觉中的双目立体视觉技术，机械手可以从一堆随意摆放的零件中准确识别并抓取需要的零件。

机器视觉在工业领域主要发挥检测、测量、识别、定位四大功能，如图8-1所示。

图8-1 机器视觉在工业领域的功能

（1）检测

检测是机器视觉在工业领域的主要功能。机器视觉技术可用于检测目标物体上存在的缺陷，比如裂纹、变色、污染物等。与人工目检相比，机器视觉检测在精度和效率上具有明显优势。比如，运用机器视觉可以快速检测出镜片、灯罩等透明物体的表面存在的微米级缺陷，检测过程要用到背光照明、漫反射照明等多种照明方式，以及偏振结构光、紫外光等多种光源。

（2）测量

机器视觉测量的对象主要是零部件的尺寸精度以及几何公差。机器视觉系统所采用的最小单位为单个像素，并且系统会确定这一单位与常用度量衡单位的比例。系统计算多点之间的距离，并测算对象目标特征所在的位置，这样做的目的是对测量值进行检验，判定其是否合乎规格。测量可以与缺陷检测形成配合，对零件检测过程中发现的不规则性缺陷进行测量，防止不规则的零件对产品造成影响。以电子电力行业为例，线圈端头出现形状不规则的情况会导致电路连接不良。

（3）识别

在工业领域，识别的对象主要是物体的物理特征，包括外形、颜色等物体本身的属性，以及字符、条码等加在物体上的标识。标识中包含了物体的关键信息，包括名称、批号、生产日期、有效期等，借助标识可以对零件或产品进行追溯，从而对产品做出验证，对库存实施更有效的控制。除了标签、字符等标识的识别之外，机器视觉对颜色的识别也很重要。比如在电气行业，电线电缆的颜色是很关键的信息，如果不能准确识别线缆的颜色，那么后期的故障判断和维护工作就不能顺利进行。

（4）定位

在定位物体前先要对目标物体进行识别，而后通过精确测量完成对物体的定位。借助定位功能可以引导生产路径，对工业机器人起到辅助作用。零件无序抓取、AGV 避障等是定位功能常见的应用场景，另外定位功能还可用于玻璃基板定位、条形码检查、标签对齐、零件排列等。相较于人工定位，机器视觉定位在精度和速度上具备明显的优势。

除了以上四类应用之外，机器视觉在工业领域的应用还体现在其他方面。举例来说，机器视觉可以借助增强现实参与到工业维护和员工培训中，此外，机器视觉也可用于工业场所的安全监控，当发现异常情况时及时报警，防止事故的发生。

在未来，机器视觉技术成熟度的不断提升，将扩展其在工业领域的应用范围和应用深度。

8.1.2 应用场景 1：特征识别

近年来，汽车制造的自动化、信息化、数字化和智能化程度越来越高，智能视觉系统飞速发展，应用场景日渐丰富，使用范围不断扩大，并呈现出良好的实际使用效果。机器视觉系统是智能制造发展过程中不可或缺的重要工具，其智能化程度的不断提升在一定程度上推动了智能制造技术的快速发展。

特征识别是机器视觉技术使用时间较早、适用范围较广的一个应用场景。一般来说，在自动装配线中，汽车制造厂家通常会利用机器视觉技术进行拍照，并记录和对比标准样品特征，防止出现零部件错装、多装、漏装等问题，同时也会利用机器视觉技术进行设备、工装、零件的一致性检查，降低汽车制造的出错率。

（1）冲压车间

① 冲压钣金件外观质量检查。汽车制造企业通常会将机器视觉识别系统装配到冲压件成品检测区，利用该系统来对零件进行识别，系统会找出零件中存在的各类较为严重的外观缺陷，如变形、裂纹、皱褶、鼓包、缺肉等，并及时发出报警信息，通知工人或机器人将存在缺陷的零部件拣选出来，避免流入下一环节。

② 防错检查。视觉系统可以自动对钣金件进行检查，判断冲孔数量和孔径等是

否符合相关标准，避免因更换冲头等造成零件不合规。

③ 设备状态异常监控。为了减轻噪声，自动化冲压件通常需要进行封闭处理，此时，汽车制造企业的相关工作人员可以充分发挥机器视觉系统的作用，对压机、模具、机器人和端拾器等设备的工作状态进行实时监控，并在发现异常问题时及时发出报警信息，记录异常数据，以便进一步对这些数据进行分析，防止以后再次出现这类异常问题。除此之外，机器视觉系统还可以应用在焊装、涂装、总装等环节，实时监控各台重要设备。

（2）焊装车间

① 焊点质量检查。汽车制造企业可以在焊接机器人上装配高精度的视觉系统，利用该系统来对焊点进行实时识别，判断焊点的直径是否符合相关标准，检查焊接过程中有无漏焊、过焊、虚焊等问题，并在发现问题时及时发出报警信息，提醒工人或机器人进行处理。

② 涂胶质量检查。为了充分保证车身质量，汽车制造企业需要为涂胶机器人等自动化设备装配视觉系统，利用该系统对涂胶质量进行实时检测，确保涂胶在面积、长度、轨迹等方面均符合各项相关标准，并在发现断胶、气泡等表面质量问题时及时发出报警信息，提醒相关工作人员或机器人进行处理。

③ 自动上件识别。焊装线大多使用机器人进行自动焊接，也需要利用机器人来进行自动抓料上件，因此汽车制造企业不仅要对料框进行优化，还要充分发挥视觉识别系统的作用，对钣金件进行精准识别，确保机器人能够精准抓取所需钣金件的类型和数量，并将其放置到正确的位置上，避免出现错装等问题。

④ 焊接夹具状态特征检查。为了充分保证车身焊接的精准度，汽车制造企业需要为机器人装配视觉系统，以便实时检查机器人在自动上件、自动焊接等环节的工作情况，及时发现异常问题，并提醒相关工作人员进行处理，确保夹具状态、夹取零件位置和压紧状态等不存在异常情况。

⑤ 自动检查车身上焊接螺柱是否正确。汽车制造企业可以充分利用机器视觉系统，对车身焊接螺柱进行识别和检测，判断螺柱的数量、规格等是否符合各项相关要求，通过对焊接质量的检测快速找出问题，以便及时安排相关工作人员进行处理，避免在后续工作中再次出现同类问题。

（3）涂装车间

① 涂胶质量检查。在汽车制造领域，机器视觉系统可用于检查涂胶质量，以自动化、智能化的方式找出车身涂胶环节可能出现的漏胶、多胶、溢胶等问题，及时通知相关工作人员解决存在的问题，并提高涂胶的精细化程度，实现对涂胶操作的优化升级。

② 堵盖数量检查。在车身堵盖装配环节，汽车制造企业可以利用机器视觉系统

对堵盖装配情况进行检查，衡量其是否符合相关工艺标准，找出漏装、错装、多装等问题，以便及时进行处理。

③ 漆面质量检查。汽车制造企业可以借助机器视觉系统实现对车身内腔和外观漆面的自动检查，找出车身中存在的漆面质量问题，如颗粒、纤维、缩孔、流挂、划痕等，并向相关工作人员发送报警信息，提醒其及时对这些问题进行处理，从而保证出厂车辆的漆面质量。

（4）总装车间

① 自动装配零件防错。在总装车间中，相关工作人员可以利用机器视觉系统识别轮辋规格，检查轮胎上的标注，判断车轮总成规格能否达到车型的各项相关标准；也可以以拍照的方式对风窗玻璃进行识别，衡量其在规格、胶轨迹、底涂质量、表面质量状态等方面是否达标，及时发现工艺异常并进行处理；还可以进行动力总成姿态检查，充分掌握动力总成型号、在托盘上的姿态等各项相关信息，避免在自动安装环节出现差错。

② 底盘装配质量检查。总装车间可以利用机器视觉系统代替人工来对底盘装配情况进行检查，判断车底是否存在漏装零件、零件表面缺陷、标准件安装不到位、安全螺栓缺乏拧紧合格标注等质量问题，以便及时发现和处理车身底盘存在的质量问题。

③ 系统汽车配送（set parts system，SPS）、排序拣件识别。在总装车间的 SPS 集配区或零件排序区，工厂可以充分发挥机器视觉系统的作用，以自动化的方式利用机器人对集配零件进行识别、拣选和排序。

④ 汽车制动液 / 冷却液液位检查。总装车间可以将视觉系统装配到机器人当中，并在完成车型识别的基础上进一步对制动液和冷却液的液面进行识别，判断其是否位于规定的刻度线内，同时对冷却液的颜色进行检查，判断其是否符合工艺标准，确保车辆的制动液和冷却液符合各项相关要求。

⑤ 汽车铭牌核对检查。总装车间可以利用机器视觉系统来自动识别汽车铭牌中的各项信息，如文字、参数、车辆识别代号（vehicle identification number，VIN）等，并迅速判断各项信息是否与所粘贴的车型相符，同时为汽车建立包含各项检测数据的数字化档案。

⑥ 车身表面划伤。总装车间中可以设置一个机器视觉检查通廊，利用机器视觉技术对车辆进行自动检查，找出车身上的漆面磕碰、划痕等油漆质量问题，并将这些信息记录到随车电子档案当中，同时将存在问题的车辆的相关信息传输到车间电子质量部门，并通知相关工作人员，方便工作人员及时对这些车辆进行返工和销项处理，确保出厂车辆的合格率。

8.1.3 应用场景 2：视觉引导

（1）冲压车间

机器视觉技术可以应用到冲压车间中，引导机器人完成冲压件装箱工作，以便车间中的自动导向车（automated guided vehicle，AGV）将装满冲压件的料框运输到冲压件仓库当中，实现自动化的冲压、检查、装箱和转运，大幅提高整个冲压车间的自动化程度。

（2）焊装车间

当 AGV 小车装配有机器视觉系统后，将实现更加精准的路径规划、料架定位和避障，既能够完成更加复杂的工作，也能够更加精准地将钣金件运输到正确的工位上。除此之外，机器视觉系统还可以在焊接夹具库的焊装线中发挥重要作用，引导自动化设备完成夹具出入库和夹具库内障碍物检测等任务，为出入库作业提供更强的安全保障。

（3）总装车间

① 视觉导航式 AGV。为了提高总装车间物流的自动化和智能化程度，汽车制造企业需要将大量 AGV 小车投放到总装车间当中，并为这些 AGV 装配视觉系统进行智能导航。未来，视觉系统的成本将逐渐降低，这类视觉导航 AGV 的应用范围和应用数量也将得到提升。

② 带有视觉系统的立体库移动式轨道堆垛机。近年来，立体车身库和立体零件库快速发展，对堆垛机的需求也进一步提升。为了保障堆垛机作业的安全性，汽车制造企业需要为堆垛机装配视觉系统，使其在作业过程中可以精准识别障碍物，确保移栽位置和伸缩叉取货位置正确。

③ 机器视觉引导自动拧紧。在总装车间中，各类自动拧紧站发挥着十分重要的作用，如底盘固定螺栓自动拧紧站、动力电池固定螺栓自动拧紧站、后桥总成螺栓自动拧紧站等。汽车制造企业可以将机器视觉系统应用到这些自动拧紧站中，为机器人完成各项自动拧紧工作提供支持。

8.1.4 应用场景 3：尺寸测量

（1）冲压车间

未来，汽车制造行业将进一步深化人工智能、机器视觉等先进技术的应用，借助高精度的机器视觉系统精准测量冲压件的尺寸和形状，并利用人工智能完成在线检测和快速判断等工作，提高整个冲压件检测流程的数字化和智能化程度。

（2）焊装车间

随着人工智能与机器视觉的融合越来越深，应用越来越广，机器视觉技术得到了进一步发展，其测量精度也明显提高。在焊装车间中，相关工作人员可以借助机器视觉技术来处理风窗在线测量、保险杠和大灯的固定点位检测等工作，判断前后风窗的尺寸和形状是否符合相关标准，前后保险杠和前后大灯的固定点位的尺寸是否符合相关标准，通过高精度在线检测来确保车身各部分均可达到合格水平，以免影响后续安装。

（3）总装车间

① 外廓尺寸检查。汽车制造企业需要在新车型投产后，充分利用机器视觉系统，在线抽检该车型的长、宽、高等外廓尺寸，并对外廓尺寸的变化情况进行监控和记录，根据各项数据制作测量大数据报告。

② 间隙面差测量。在AI机器视觉测量系统的开发过程中，汽车制造企业应综合运用多种先进技术，如人工智能、边缘计算、深度学习、点云匹配、高级算法、三维数模重建等，借助各项先进技术为AI机器视觉测量系统赋能。

在测量间隙面差的过程中，相关工作人员需要选择无杂光干扰的工位，并整合多个相关工具，如机器人、高精度3D相机、计算机三维视觉测量系统软件等，利用这些工具在线测量整车间隙面差，将误差控制在1mm以内，同时也要综合运用点云匹配、三维数模重建和机器人柔性控制等技术手段，在焊装和总装车间中全方位检测车身间隙面差，这些专业化的工具和技术的综合应用既能够保证测量的精准度，也能够提高测量速度，实现快速精准的间隙面差测量。

机器人视觉间隙面差测量系统可以以自动化、智能化的方式完成间隙面差测量工作，减少人在测量环节的参与，节约人力成本，也可以实现对间隙面差数据的实时采集、分析、判断和预警，并在线指导返修工作，缩小间隙面差，同时还可以分析各项检测数据，根据分析结果对间隙面差过大的问题进行预防，尽可能将间隙面差控制在合格范围以内。

③ 机器人装配定位坐标测量。3D机器视觉在总装自动化智能装配站中的应用可以实现3D坐标定位功能，保证零部件安装的精准性。以车轮总成的安装为例，装配了3D视觉系统的机器人可以迅速拍下轮毂上的安装孔或螺栓头的照片，并据此获取螺栓孔或螺栓头的3D坐标数据，将定位精度控制在0.1mm，再根据3D坐标值进行精准定位和安装。

除此之外，3D机器视觉还可以应用到风窗玻璃的安装环节中。相关工作人员可以利用3D机器视觉来测量风窗边框的3D坐标值，让机器人可以根据这些数据操控机械臂快速完成风窗玻璃的安装工作，同时充分保证风窗玻璃安装的精确度，精准控制风窗与四周的间隙。

近年来，我国不断提高技术水平、运算速度、定位精度、图像处理能力和深度学习能力，积极发展视觉系统。与此同时，3D视觉的成本逐渐下降，有越来越多的行业和领域开始利用机器视觉技术处理各项工作，机器视觉在各行各业的应用也日渐深入。

8.2 机器视觉在物流领域的应用

8.2.1 物流条形码读取

物流已成为人类生活的重要组成部分，物流技术的持续发展进一步提升了物流效率，推动了相关产业链的形成和完善，实现了精细化分工，使人们能够享受到更加优质的物流服务。

物流由多个环节组成，包括运输、仓储、包装、搬运和加工等。目前，物流领域的技术研发多聚焦于厂内物流，有工厂物流、电商物流、快递物流、机场物流四个典型场景，与其余三个场景相比，机场物流的独立特征比较显著，同时成熟度也比较高，因此在这里暂不作论述。

工厂物流主要应用于生产线，在生产线的运行中起到辅助作用，由生产物流、仓储物流组成。生产物流主要服务于生产，负责完成搬运、上下料等操作。仓储物流则主要发挥存储的功能，并负责完成出入库操作。工厂物流用到多个自动化系统，包括 AMR 搬运机器人、抓取机器人、托盘立库系统等。

电商崛起后，快递物流和电商物流应运而生。针对分拣环节，快递物流建立了分拣中心，面向配送环节则设立了配送终端服务站，旨在提高分拣和配送的效率。分拣中心主要采用自动化运行的方式，设有交叉带分拣系统和矩阵分拣系统，分别适用于小件和大件。通过相关设备，电商物流实现了分拣和配送的自动化，使买家能够尽快收到其购买的商品。电商物流建有立体仓库，并运用了多种自动化系统，包括穿梭车、CTU 料箱机器人等设备，这为“货到人”拣选方案的采用提供了条件。

AI 在机器视觉等物流信息技术中发挥关键作用，而大模型又能够驱动 AI 技术的进步，提高物流的智能化程度和便捷程度。大模型能够提高读码、视觉分析等现有的常用功能的精确度，同时在大模型的推动下，尚无法投入使用或使用受限的功能也将实现重要突破。

包装盒上的条形码是非常关键的信息，凭借条形码可实现对产品的追踪，了解产品的生产批次、物流追踪号等，对产品实施有效管理。因此，条形码的读取是物流领域中的关键环节。过往主要借助扫描枪读取条形码，而当货物数量过多时，这种读码方式的局限性就会显现出来，不仅效率大打折扣，当包装盒上出现破损和污渍时，还很有可能出现无法读取的情况。

计算机视觉技术的进步使得读码方式发生了变革，目前多采用视觉检测系统进行读码。视觉检测系统配备有高清摄像头，用以获取条形码的图像，随后借助算法对图像进行识别和处理，最后完成信息提取，如图 8-2 所示。

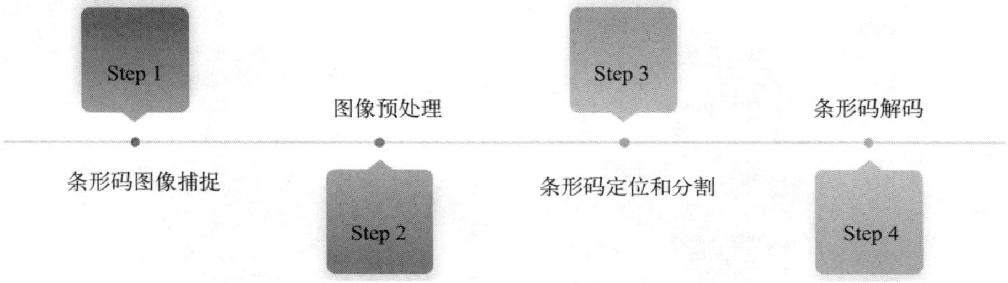

图 8-2 视觉检测系统读码流程

① 条形码图像捕捉。为了保证图像捕捉的精细度，摄像头的分辨率和清晰度应达到一定的要求。

② 图像预处理。预处理包括去噪、提升对比度、二值化等，目的是提升图像的清晰度，为之后的识别操作做好准备。

③ 条形码定位和分割。借助算法锁定条形码并对其进行分割，具体操作包括旋转、缩放、倾斜等。

④ 条形码解码。通过解码得到条形码中包含的数字信息，这个过程需要依照解码规则来进行。

视觉检测读码的优势体现在多个方面，包括效率、准确度、对复杂环境的适应能力等。目前越来越多的企业开始采用视觉检测读取条形码，以节省人力成本，提升经营效率。具体来说，视觉检测使用的读码器有以下几种。

① 固定式读码器。固定式读码器借助传动装置移动，以完成多个产品的读码，读码效率较高。根据具体的读码需求，读码器上配备的相机数量可以是 1 个、4 个、6 个等，如图 8-3 所示。

② 手持式读码器。手持式读码器的特点在于使用起来比较灵活，如手持巴枪、手持 PDA 等都属于手持式读码器，如图 8-4 所示。

图 8-3 固定式读码器示例

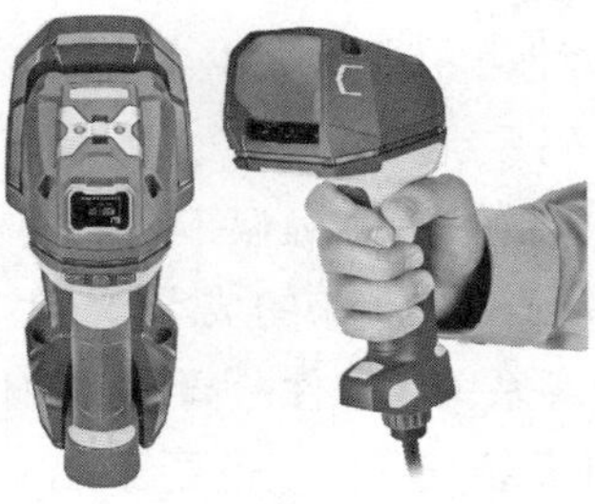

图 8-4 手持式读码器示例

③ 读码门。将读码器安装在通道门上，通常情况下读码门需要与叉车、AMR 仓储机器人进行协同作业。读码门主要用于码垛群码的读取，由于读取对象比较多，同时景深也比较大，读码门一般要配备多个拥有较大分辨率的读码器，如图 8-5 所示。

图 8-5 读码门示例

8.2.2 快递物流自动分拣

传统物流存在种种问题，比如物流手段不够丰富、读码精确度低、计票效率不稳定等。针对以上问题，机器视觉给出了自动化解决方案，显著提升了物流行业的智能化水平。快递物流转运中心是机器视觉的重要应用领域，具体涉及矩阵分拣和交叉带自动分拣两大场景。

（1）矩阵分拣

矩阵分拣主要用于大件包裹的分拣，该分拣场景主要用到以下自动化系统。

① DWS 系统。我国快递行业的规模不断扩大，部分物流环节要用到大量的人力，工作量巨大，但工作效率并不高。面对这样的现状，有公司研发出了 DWS 系统。DWS 运用了机器视觉技术，安装有重量传感器，具备信息采集功能，其采集对象有体积信息（dimension）、重量信息（weight）、条码信息（scanning），能够从劳动量大的环节入手，有效地提升物流效率。

② 六面读码系统。包裹是一个六面体，各个面上贴有条码，六面读码系统负责自动识别包裹上的条码，确保不会遗漏任何一个面，提升了读码的效率和精确度，同时也节省了人工读码带来的成本。

③ 单件分离系统。单件分离系统的作用是管理和调节包裹的间隔，一般被安置在相对于 DWS 系统或分拣设备更靠前的位置。在调整包裹间隔前，单件分离系统先要确定包裹的位置，这需要用到 RGBD 立体相机。RGBD 立体相机通过 3D 视觉处

理算法和深度学习算法完成包裹的定位，随后在单体分离软件的协助下，将包裹分离的指令传达给 PLC，由模组带实施具体的分离操作，以保持包裹的间距固定。

（2）交叉带自动分拣

交叉带自动分拣如图 8-6 所示，主要用于大件包裹的分拣，下面具体介绍机器视觉在该分拣场景下的应用。

图 8-6　交叉带自动分拣示例

① 灰度仪。在交叉带分拣场景中，包裹放置在交叉带的小车上，灰度仪负责监控包裹的数量和定位信息，当发现异常情况时立即进行回溯，及时消除错误。针对包裹识别和定位的精确度，用户提出了越来越高的要求，因此灰度仪所采用的视觉方案也发生了变化，由 2D 智能相机转变为 3D 视觉方案。举例来说，海康机器人推出的 EDP 立体相机拥有多样化的算法和检测功能，是一种值得信赖的视觉方案。

② 爬坡除叠自动供包 & 机器人自动供包。自动供包在交叉带自动分拣中起到关键作用，关系到分拣的最终完成。自动供包系统采用自动化手段将众多包裹分离成一个个单件，并在交叉带进行分拣。自动供包的实现需要更加先进的机器视觉设备和算法作为支撑。现阶段较常使用的自动供包方案有爬坡除叠和机器人两种。

爬坡除叠自动供包系统由三段组成，分别发挥不同的功能。第一段用于处理倾斜式皮带传送机上的包裹，除了对包裹实施识别定位操作之外，还能够通过控制皮带传送机防止包裹的掉落，避免包裹出现交叠的情况。第二段主要负责包裹的分离，控制包裹的间隔，保持间距一致。第三段要用到 RGBD 智能立体相机，通过检测识别上双件，并将其排除在交叉带之外。该自动供包系统的优势在于高效，每条生产线每小时可以处理超过 8000 个包裹，能够同时应用于 3 至 4 个供包台。

机器人供包系统方案如图 8-7 所示。机器人供包系统装有智能立体相机，能够进行深度学习，同时还配备了高速机器人。系统可以对包裹进行识别和定位，由机器人按照既定轨迹抓取包裹。该供包方案的优点在于较强的灵活性，同时不会占用太大的空间，即使是空间有限的旧场地也可以采用，能够有效地节省成本，提高出工效率。

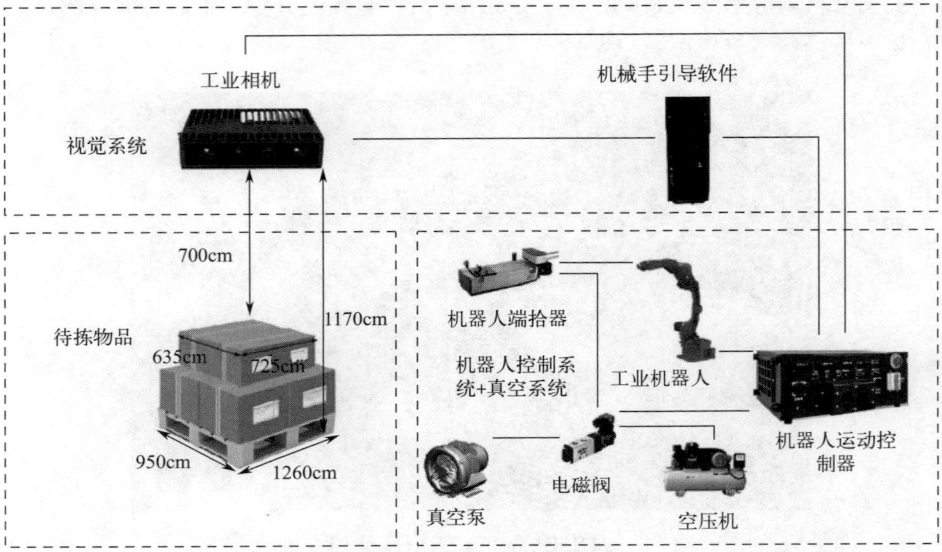

图 8-7　机器人供包系统方案

8.2.3　AMR 机器人环境感知

AMR（autonomous mobile robot）机器人是物流领域重要的自动化系统，其环境感知功能要通过机器视觉来实现。AMR 视觉导航主要采用两种方式，即二维码导航和纹理导航。

在二维码导航中，二维码位于地面，可通过扫码得到坐标信息，以实现定位功能。二维码导航应用时间较长，成熟度比较高，且操作起来并不复杂，不过采用这种导航方式需花费较多时间进行准备工作，包括绘制二维码以及把二维码贴到地面上。地面和天花板上分布有纹理，纹理导航借助相机扫描纹理，以此获取定位信息，实现导航功能。纹理导航不需要进行额外的准备工作，并且在稳定性、精确性、灵活性等方面表现出色，目前已被多个行业采用。

处于运动状态的 AMR 通过环境感知来躲避障碍，这需要借助双目视觉 3D 传感器来实现。该传感器上配备有两个摄像机，两者位置之间有间隔，可以从不同角度捕捉场景的图像。在两台设备分别捕捉到的图像中，分布有彼此呈对应关系的像素点，可借助立体匹配算法将它们找出。得到像素点后，运用三角原理获取视差信息，并将其转为深度信息，深度信息反映出的就是所拍摄场景中物体的信息。借助地面滤除、坐标转换等算法，AMR从深度信息中得到与障碍有关的信息，包括障碍的位置、尺寸等，以避免在运动过程中碰到障碍，提升运行的效率和安全性。

FMR自动叉车负责完成自动化取放，而取放的栈板和托盘在式样上各有差异，具体进行取放操作时需用到3D机器视觉。栈板和托盘的图像信息有2D和3D两种呈现形式，通过RGBD相机收集图像信息，并借助相关算法对栈板和托盘进行AI智能识别，完成点云匹配定位，由此得到位姿信息。结合待取放对象的位姿和现场的障碍分布情况，确定FMR自动叉车的自动化取放路径，实施取放操作。

CTU料箱机器人对视觉定位精度有着较高的要求，这是其完成智能对接的需要，另外高精视觉定位的作用还在于监控对接过程。运用3D视觉框定出所要对接的区域，对接开始后采用2D图像监控对接的进行。有的场景需要较高的对接精度，在这样的场景下，机器人完成对准后需进行检验与核实，具体检验方案依照场景需求而定，这个过程要用到RGBD相机。

8.2.4 仓储物流中的视觉应用

机器人和机器视觉的应用在很大程度上促进了现代物流的发展，提高了物流的自动化和智能化水平。未来应继续利用数字孪生、大模型等技术推动物流的持续进步。

自动化和智能化将为物流带来显著的改变，体现为更加全面的信息采集、更加先进的流转技术，以及货物的高效流转。在信息技术的帮助下，信息采集的广度将大幅提升，覆盖物流的整条链路，并借助数字孪生将信息数字化，实现全程信息公开透明，这将对物流效率和服务质量产生积极影响。

下面将介绍机器人拆码垛、货品拣选、垛型检测三个仓储物流中机器视觉的应用场景。

（1）机器人拆码垛

仓储物流中不可避免地要进行大量的货品搬运工作，货品本身重量较大，同时在搬运时需要按照规格对货品进行归类，此外整个搬运过程还要追求效率。自动化技术在拆码垛中的应用已较为广泛，不过以往的拆码垛系统存在一定局限，如提供物料时不能任意摆放、货物的规格不够多样等。

机器人拆码垛如图8-8所示，这一拆码垛系统采用3D视觉作为视觉方案，由机械臂完成相关操作。系统配备了3D相机，用于收集深度信息，此外还拥有强大的AI模型，能够实现对各类货物的识别。根据深度信息和货物识别结果，系统控制机械臂实现货物的精准抓取。拆码垛需要用到垛型信息，垛型可以由系统生成，也可以由操作者自行编辑设定。当系统因断电而中断时，可以一键恢复，尽量减少突发状况对使用过程的影响。总之，机器人拆码垛是一种高效灵活的拆码垛系统，可以在搬运工作上带给企业很大的帮助。

图 8-8　机器人拆码垛示例

（2）货品拣选

部分行业中的许多货品为盒装形式，种类和数量繁多，且更新速度快，对于这类货品宜采用自动化分拣的方式，以提高分拣的效率和准确性。自动化货品拣选系统配备了小型激光振镜立体相机，能够处理各种规格的商品，由机械臂按照既定的轨迹完成货品的抓放操作，同时躲避障碍，整个过程安全而高效。货品拣选系统能够与 WMS 系统形成配合，提升仓储物流的智能化水平，实现柔性运营。

（3）垛型检测

垛型检测是一个关键的环节，垛型需做到整齐有序，否则货物将存在损坏或丢失的风险。3D 视觉系统可用于垛型检测，构建垛型的三维模型，验证货物在宽度和高度上是否达到了要求。此外，通过形态学分析可以评估垛型的安全系数，根据评估结果调整垛型，避免在搬运中出现掉落、倾斜等情况，保障货物安全入库。

8.2.5　生产物流中的视觉应用

机器视觉可在自动化生产线上得到应用，具体用于工件上下料、安全防护等环节。

零部件加工生产线的上下料操作由相应的自动化系统来完成，零部件规格各异，型号更新频繁，此外其在运送过程中所处的位置也不固定，因此系统需要具备较强的兼容性。将 3D 视觉方案应用于自动化上下料系统，利用 3D 相机进行工件定位。当工件处于散乱无序状态时，系统能够高效地完成对工件姿态的识别，并找出最优的操作路径。系统的无序抓取拥有极高的准确性，具体体现为 100% 的清筐率，且抓取过程中没有任何不必要的动作，有效地保障抓取过程的安全。

现阶段，全自动化生产尚未完全实现，大多数场景仍需要人的参与，在人与机器共同作业的条件下，实现安全生产、保障人身安全显得尤为关键。机器视觉在安全防范中可发挥重要作用。

将 3D 视觉和 AI 算法结合在一起，制定新的安全防护方案，提高安全防护的智能化水平，从精度、效率、覆盖范围等多个方面入手实现安全防范的升级，变被动防护为主动防护，建立有效的实时防护，对安全问题进行追溯。此外，当有外物进入生产现场时，可先借助 AI 进行智能识别，根据实际情况做出决策，而不是立即中断或减速生产，这样可以避免正常生产受到影响。

8.3 机器视觉在农业领域的应用

8.3.1 机器视觉在农业生产中的应用

当前，随着计算机硬件、图像采集处理装置性能的不断提升和图像处理技术的纵深化发展，机器视觉在各个领域的渗透程度进一步加深，其中，其在农业领域的应用对于农业提质增效、推动农业高端化发展、构建现代化农业体系意义重大，是实现农业智能化发展的支撑性技术之一。

农业发展的特性决定了其天然地受天气、环境等因素影响较大，同时不同的生产周期需要进行不同的人工干预。在传统农业中，受制于种种因素，选种、除草、除虫、作物生长管理等都依赖人工，存在成本高、精准性较差等问题。而机器视觉在国内外农业领域的应用则解决了这一问题，实现了对农业全生产周期的无人化管理，具有很大的突破性意义。作为一个以农业为重要产业支柱的国家，农业的发展水平对国民经济总体格局有着重要影响，农业生产效率的提升和自动化水平的提高是农业发展的必由之路，在这个过程中，机器视觉发挥着重要的作用。

与机器视觉在工业自动化中的应用相比，其在农业领域中的应用将面临更多的挑战——尤其是在复杂的露天环境中，雨雪、大风、光照、强光等都可能会干扰其正常运行甚至造成硬件损坏。这意味着在设计和制造时，农业机器视觉技术的软硬件要满足性能优、适应性强的特点，一些传感系统还需结合农业生产的特点进行专门设计，提高与应用场景的适配度。无疑，这也成为当前机器视觉在农业领域应用的一个技术难点。

与在工业自动化场景中的应用相似，机器视觉在农业应用中的突出特点在于解除了农业活动中一些重复性、机械性劳动对人的依赖，并能够自动、高效地代替人完成这些工作。随着传感器系统和执行器的监测能力、响应能力进一步提高，在作物采摘管理、作物植株控制、病虫害预测等应用领域都将看到机器视觉的影子。农业工作者则从基础性的体力劳动中解放出来，主要负责对相关设备进行操作与监督，提出反馈并促进机器视觉系统的优化升级。

（1）种子和果实分级检测

选种是一个农业周期中最关键的环节之一，直接影响着产量的上限，因此播种前选择类别合适、质量优良的种子将能够有效提升产量。在传统农业中往往由人工进行选种，人力成本高、劳动者负担大且难以保证被筛选种子的整体质量。机器视觉则通过图像对比，提取种子的形状、面积、颜色等进行种子的类型识别，并过滤掉霉变、坏裂的种子。

此外，机器视觉在水果分类分级中也扮演着十分重要的角色，通过图像对比，基于机器视觉的自动分拣系统能够按照预设的参数（个头、颜色、形状）对待分类的水果进行检测，通过计算待测果与不同品级预设参数的相似度对水果进行判断，从而快速将新采摘的水果划分为优果、良果、差果等类别。采用此种方法，水果分类的标准化程度更高、速度更快，提升了分拣的效率与科学性。

（2）杂草和虫害监测

不管种植何种作物，都需要提供其生长所需的最适宜环境，顺应作物的自然属性，以保证作物价值。针对这一问题，引入机器视觉可谓意义重大。举例而言，杂草对番茄生长的危害极大，传统农业需要耗费巨大的人力物力用于除草。加州大学戴维斯分校研究人员则以机器视觉系统为基础开发了番茄的自动除草系统，该系统能够在准确识别杂草后使用 X 射线予以杀灭，相较于传统的除草方式速度更快、成本更低且清除更彻底。

虫害是影响农作物正常生长的又一大危害因素，往往会给农业生产带来巨大损失。传统农业中全农田全覆盖的施药方式不仅资源的利用率低，而且对土壤、水源的污染较大。因此，如何实现病虫害区域的精准检测，实现定点施药是当前机器视觉系统在农业中的重要应用方向。在农业领域，有时候对于病虫害的控制往往需要在极短的时间内完成，尤其是在作物的拔节、抽穗等关键生产期，一旦发现病虫害，必须在虫害扩散至全田前完成虫害处理工作。传统的方式是大规模的农药喷洒，这要付出大量的农药成本和环境成本，雇用人力的解决方式代价更是高昂。而机器视觉技术则能够迅速识别具体受害区域，并智能生成施药方案，实现对虫害的精准定点打击，节省成本的同时还能大幅提升除虫害效率。

（3）植保无人机

随着机器视觉系统识别精度的提升，当前的植保无人机已经具备了检测、识别农作物状态的能力，并将作物信息及时同步至农田管理人员的终端上。这使得农作物问题发现的时间大大提前，让农田管理者能够及时采取行动对作物进行施肥、除草、除虫等，降低了农田遭受突发性灾害蒙受损失的可能。

以棉花为例，能否及时喷洒脱叶剂保证其脱叶期的顺利脱叶决定着后续棉花的产量和品质。传统农业中往往凭借农民经验判断施药日期，但一旦天气异常，这种判断的准确性将受到极大影响，从而导致喷药时间延误，影响后续棉花生长。在喷药时，往往使用拖拉机进行药剂喷洒，但这种方式一则无法保证药剂精准喷洒到植株，可能造成漏喷以及药剂浪费；二则拖拉机进田会造成棉花被碾压破坏，同时一些拖拉机难以开进的田地需要雇佣人工，这将产生高昂的时间与资金成本，甚至可能错过棉花脱叶期对作物产量造成难以挽回的损失。

而装载机器视觉识别系统的植保无人机则能够更好地解决这一问题，首先其对脱叶期的判断更精准，且能够根据天气环境等因素的变化进行灵活计算，确定喷药时间段；其次在施药过程中无人机采取空中施药的方式，不会造成植株破坏；最后无人机能够根据不同的农田类型、作物分布等信息生成不同的施药策略，适应性更强，且其在喷药过程中能够精准地将药物喷洒在植株受药位置，避免出现漏喷以及药物浪费的情况。同样 $667m^2$ 的田地，使用植保无人机后药水用量由 30L 缩减至 1L，其工作效率达到了 2 ～ $10hm^2/h$，在施药效率、药物节约、施药效果等方面均表现优异。

8.3.2 机器视觉在农业机械中的应用

20 世纪 70 年代末，农产品品质检测与分级工作中开始引入机器视觉技术，随后，随着计算机硬件、自动化控制等关联技术的发展，机器视觉技术在农机装备领域的应用范围进一步拓展。

当前，机器视觉对农业生产加工的各个环节基本上已经实现了全覆盖，成为实现农产品自动化加工的重要辅助基础，通过对各个环节的生产数据进行处理运算，农产品生产加工过程的规范性得到了很大提升。

（1）在检测分选机械中的应用

机器视觉技术在农产品的质量检测与品质分级中获得了最早应用，在此之前，为了满足农产品的销售要求，往往需要投入大量人力资源对一整个种植田所收获的瓜果蔬菜进行分拣处理，一则人力成本高，分拣时间长；二则判断标准不一，结果难以保证，缺乏统一性。引入机器视觉后，能够提前通过农产品形态、颜色、尺寸等数据的输入进行参数预设，随后机器视觉采集待检测瓜果与预设参数进行对比，完成分级，使得分拣后的瓜果更加标准规范，分拣成本也大大降低。

（2）在农业生产自动化设备中的应用

实现农业的精细化管理是现代农业中提升农业生产效率的重要手段，这涉及对作物生长状态的识别和对作物生长环境参数的调节。通过机器视觉技术，能够更加高效地采集作物的长度、形状、颜色等生长信息，从而为环境控制系统提供决策依据，将温度、湿度、肥量等环境参数调到最适宜的数值。

（3）**在农田病虫草害控制设备中的应用**

很多农作物直接生长在野外自然环境中，因此其生长必然要受野外其他生物的影响，如害虫啃食、杂草争夺养分等，这些因素对作物生长极为不利。一方面，这些病虫草害本身会影响作物生存；另一方面，对于病虫草害的防治（全覆盖式喷药）也会造成各种品质与污染问题，并产生大量的额外成本。引入机器视觉技术则能够实现在对病虫草害定位的基础上进行定点防治，使农业管理的颗粒度和效率更高。此外，机器视觉设备通过环境数据采集与分析采取各类行动，在农业管理中对环境的适应性更强，相对于人，其作业上限也更高。

（4）**在采摘机械中的应用**

在农业生产各个环节中，果蔬采摘是人力与时间投入最大的劳动密集型环节，成熟程度、颜色、形状以及生长位置等随机性差异需要采摘人员在工作过程中不断地进行移动和判断，一些较高处的果子还会出现无法采摘的情况，使得采摘工作长期处于高成本、低效率的状态。而这些问题都能够通过搭载视觉系统的自动采摘设备进行解决。此外，随着技术的进步与应用需求的增加，双目乃至多目视觉正逐渐代替原有的单目视觉，为果蔬采摘提供精度更高的定位服务。

（5）**在农业机械导航定位中的应用**

随着农业的集约化与规模化发展，种植专业户、机械化农场等新的经营模式逐渐成为主流业态，这反映在具体的农业活动中就是大面积区块式耕种需求的增加以及耕作质量要求的提升，这显然难以通过传统的二维农业操作来满足。基于机器视觉技术的自动导航播种则在这方面发挥了关键性作用，成功实现了三维空间立体化播种与施药。

8.3.3 机器视觉在农业应用中的挑战

机器视觉技术在病虫害识别与预警、农业视觉导航、植保无人机、农产品无损检测等方面的应用研究均已取得较大进步，但是由于农业作业环境的动态变化性和非结构性特点以及机器视觉自身的架构特性，另外，当前我国农业现代化普及程度尚浅，机器视觉技术在我国农业领域的应用仍面临以下难点。

（1）**我国农业现代化基础建设较为薄弱**

当前我国的农业现代化发展在资产管理、资源组合配置、区域农业发展规划以及农业技术普及等方面仍处于较为滞后的状态。虽然已经出现一部分大农场和专业种植户，但传统的小规模家庭经营仍是当前主要的农业经营模式，以小块农田的粗放式耕种为主，缺乏与大范围推行农业现代化相配套的经营方式，农业基础设施建设难度大、利用率低，一些机器视觉应用所必需的网络架构、基站建设尚未实现全农业区域覆盖，农业基础设施建设水平与当前的经济发展水平脱节，这不但限制了机器视觉在农业领域的应用扩大，也为我国农业的现代化、高端化发展造成了极大的局限。

（2）我国农业科技创新动力不足，相关技术人才缺乏

农业机器视觉系统的性能优化与技术进步都离不开创新。但当前我国农业科技创新能力仍相对薄弱，具体表现为创新动力不足、创新投入低、创新人才缺乏、相关基础研究推进缓慢等，这些创新条件上的限制导致我国现代农业科技缺乏可持续发展的活力，即使出现了零星的技术突破，也难以迅速完成其落地所需的各类技术与服务配套。

（3）机器视觉技术在农业生产领域的局限性

作为农业现代化发展中的前沿技术之一，机器视觉技术的应用无疑将为整个农业领域带来一次全面性的革新与升级，但与已经形成成熟产线的工业自动化模式相比，机器视觉当前在农业生产领域中仍存在较多局限。首先，由于农业产品天然的随机性，对于一些外形不规则的果实和枝干进行检测时，可能会出现识别错误的情况；其次，仅凭外观对农产品进行分类与品质检测，往往存在一定的片面性，可能会错误地将一些外观不好但品质优良的果实剔除等。

随着我国农业现代化发展规划的不断完善，资源投入的不断增加，机器视觉在农业生产中面临的各类问题也终将被解决，限制农业现代化推进的各类负面因素终将被消除。尤其是随着国家乡村振兴战略的实施，各项针对县域发展、农村建设的专项政策不断出台，国家的资源配置也更加向乡村倾斜，农村科技基础设施建设情况、乡村人才引进情况都得到了很大的改善，为机器视觉技术的应用推广提供了良好的社会环境。

此外，随着神经网络、AI 大模型以及 5G 技术的发展，机器视觉的功能得到了多方面的综合拓展，其与农业生产领域的进一步融合也成为可能，这些都昭示着，在不久的将来，科技驱动下的农业发展将迈上新的台阶。

参考文献

[1] 陈洋，李林，杨超博，等. 视觉识别、引导在自动化装配设备中应用技术浅析 [C]// 中国汽车工程学会. 第三十一届中国汽车工程学会年会论文集（5）. 机械工业第九设计研究院股份有限公司，2024：498-502.

[2] 张焱. 夯实新型工业化建设的人才根基 [J]. 群众，2024，(18)：49-50.

[3] 蒋舒颖，李志明，莫贤，等. 融合注意力的主动迭代优化白细胞图像分类模型 [J]. 中国生物医学工程学报，2024，43(04)：408-418.

[4] 齐洋洋. 基于机器视觉的玻璃透镜缺陷检测系统设计与实现 [J]. 信息系统工程，2024(08)：28-31.

[5] 王春茂. 机器视觉技术在物流领域的应用与创新概述 [J]. 物流技术与应用，2024，29(06)：96-101.

[6] 周晓宁. 基于图神经网络的旋转机械故障诊断研究 [D]. 石家庄：石家庄铁道大学，2024.

[7] 邱丽霞. 制造业服务化水平对我国价值链升级的影响研究 [D]. 南昌：江西财经大学，2024.

[8] 张韶琛. 持续亚高温作用下 UHPC 力学性能演化规律及机理研究 [D]. 保定：河北大学，2024.

[9] 卢鹰翔. 基于新型 U-Net 网络结构研究及在道路裂缝检测的应用 [D]. 重庆：西南大学，2024.

[10] 刘凯，孙鹏，倪新龙，等. 多区域融合的全卷积颜色恒常算法 [J]. 小型微型计算机系统，2025，46(03)：655-661.

[11] 段宇赫，高明昕. 基于机器视觉的水果分级分拣系统关键技术分析 [J]. 中国机械，2024(06)：73-76.

[12] 陈海群. 基于 CiteSpace 的智能包装设计研究热点与趋势分析 [J]. 美术文献，2024(02)：122-125.

[13] 黄鑫. 新型工业化稳步推进 [N]. 经济日报，2023-12-21(001).

[14] 刘颖，庞羽良，张伟东，等. 基于主动学习的图像分类技术：现状与未来 [J]. 电子学报，2023，51(10)：2960-2984.

[15] 胡凯，蒋帅，刘冬，等. 基于端到端深度神经网络和图搜索的 OCT 图像视网膜层边界分割方法 [J]. 软件学报，2024，35(06)：3036-3051.

[16] 谢文嵘. 结合图像信息熵分布的对抗样本生成方法研究 [D]. 广州：广州大学，2023.

[17] 田英健. 基于多源数据的城市滨河绿道活力评价方法研究 [D]. 石家庄：石家庄铁道大学，2023.

[18] 陈旭. 基于小样本学习图神经网络和迁移学习的旋转机械设备故障诊断研究 [D]. 重庆：重庆工商大学，2023.

[19] 谢一东. 铝材表面缺陷检测与识别方法研究 [D]. 长沙：中南大学，2023.

[20] 长孙盼盼. 基于半监督主动学习的软件系统性能预测方法的研究与实现 [D]. 西安：西安电子科技大学，2023.

[21] 苗蒙恩. 基于图注意力与残差学习的孪生网络跟踪算法研究 [D]. 郑州：郑州轻工业大学，2023.

[22] 汪俊峰. 基于机器视觉的铝塑泡罩包装表面缺陷检测方法及系统研究 [D]. 合肥：合肥工业大学，2023.

[23] 范琪珺. 天准科技股权激励财务绩效评价及提升对策研究 [D]. 太原：山西财经大学，2023.

[24] 赵健，付琴. 基于机器视觉的汽车漆面缺陷检测技术 [J]. 汽车工艺与材料，2022(07)：16-19.

[25] 梅梦清. 基于多标签学习和注意力深度网络的视觉数据分析 [D]. 武汉：武汉大学，2022.

[26] 赵辉．基于随机近邻嵌入的判别性特征学习 [D]. 成都：西南交通大学，2022.

[27] 熊东尧．基于图神经网络的旋转机械故障诊断方法 [D]. 杭州：杭州电子科技大学，2022.

[28] 姚明，李君成，陈龙．边缘计算智能装备技术在飞机检修行为识别领域的应用 [J]. 航空维修与工程，2022(02)：29-31.

[29] 杨利，谢永超．基于 PLC 和机器视觉的工件自动分拣系统设计 [J]. 工业仪表与自动化装置，2022(01)：48-51.

[30] 艾妮．基于机器视觉的水果分级分拣系统关键技术研究 [J]. 自动化应用，2022(01)：162-166.

[31] 左彦波，徐杰．基于计算机视觉的自动识别技术解决骨科耗材管理痛点 [J]. 中国自动识别技术，2021(06)：63-66.

[32] 王一帆，张文译，周海滨，等．图像识别技术的应用与发展 [J]. 信息与电脑（理论版），2021，33(23)：170-172.

[33] 刘福华．基于机器视觉的水果分级分拣系统关键技术研究 [J]. 机电信息，2021(28)：56-57+60.

[34] 付斌斌．工业机器视觉的应用与发展趋势 [J]. 中国工业和信息化，2021(11)：18-24.

[35] 王宁，席茂，周文罡，等．深度视觉目标跟踪进展综述 [J]. 中国科学技术大学学报，2021，51(04)：335-344.

[36] 卢翔．基于深度学习的校园实景中行人检测 [D]. 阜阳：阜阳师范大学，2021.

[37] 李文莉．面向智能视觉感知芯片的光学测试平台设计 [D]. 北京：北京交通大学，2021.

[38] 于永兴．面向移动机器人定位的多 QR 码快速光照均衡和检测算法研究 [D]. 广州：广东技术师范大学，2021.

[39] 突破机器视觉关键技术助农业机器人“占领”果园、农田 [J]. 机床与液压，2021，49(10)：47.

[40] 王宁．面向高效视频目标跟踪的模型学习、压缩与集成 [D]. 合肥：中国科学技术大学，2021.

[41] 周叶．基于 Faster R-CNN 的小学生课堂行为检测研究 [D]. 成都：四川师范大学，2021.

[42] 张婷婷．复杂场景下的佩戴口罩检测系统与研究 [D]. 杭州：杭州电子科技大学，2021.

[43] 闫宝龙，赵东花，刘晓杰，等．基于模糊核均值聚类优化的光流测速方法 [J]. 导航定位与授时，2022，9(06)：101-107.

[44] 季晓宇．基于深度学习的水下鱼类目标检测及鱼体分割算法研究 [D]. 天津：天津理工大学，2021.

[45] 杨东．5G+ 人工智能机器视觉探索 [J]. 通信与信息技术，2021(01)：60-63.

[46] 刘洋，战荫伟．基于深度学习的小目标检测算法综述 [J]. 计算机工程与应用，2021，57(02)：37-48.

[47] 张园，王慧芬，王翰铭．机器视觉技术、标准及安全产业应用 [J]. 电信科学，2020，36(11)：104-112.

[48] 黄鹏，郑淇，梁超．图像分割方法综述 [J]. 武汉大学学报 (理学版)，2020，66(06)：519-531.

[49] 张婷婷，章坚武，郭春生，等．基于深度学习的图像目标检测算法综述 [J]. 电信科学，2020，36(07)：92-106.

[50] 李翠锦，瞿中．基于深度学习的图像边缘检测算法综述 [J]. 计算机应用，2020，40(11)：3280-3288.

[51] 朱国庆，侯爽，董晗睿，等．口罩过滤材料的三维结构建模 [J]. 纺织科技进展，2020(06)：29-32.

[52] 陆红．机器视觉模式识别方法研究 [J]. 现代信息科技，2020，4(11)：83-85.

[53] 莫志敏 . 基于卷积神经网络和双目视觉的汽车门板焊点识别与定位系统的研究 [D]. 广州：华南理工大学，2020.
[54] 刘欢 . 改进的 Criminisi 图像修复算法在车道线移除中的应用 [D]. 西安：长安大学，2020.
[55] 吕磊 . 基于图像的卷积神经网络与深度学习的车型分类识别方法研究 [D]. 南京：南京理工大学，2020.
[56] 张学俊，顾沈明，李斌 . 机器视觉技术在农业生产中的应用研究 [J]. 农村经济与科技，2019，30(23)：55-56.
[57] 刘咏梅，洪雯婷，童卫青 . 图像识别技术在纺织品及服装研究中的应用 [J]. 浙江纺织服装职业技术学院学报，2019，18(04)：19-24+43.
[58] 魏娇 . 基于机器视觉的车牌字符自动识别系统设计 [J]. 自动化与仪器仪表，2019(08)：49-53.
[59] 穆帅，戴忠，段桂华 . 基于智慧城市的多学科融合教学实验平台研究与建设 [J]. 黑龙江教育（高教研究与评估），2019(07)：65-66.
[60] 胡俊立 . 基于 ROS 的机器视觉系统实现 [J]. 电脑与电信，2019(07)：60-62+73.
[61] 刘宏文 . 基于机器视觉的水果自动分拣系统关键技术研究 [D]. 北京：北京邮电大学，2019.
[62] 王美玲 . 汽车非标零部件产品检测系统设计 [D]. 舟山：浙江海洋大学，2019.
[63] 徐梦雪 . 基于深度学习的图像识别技术综述 [J]. 计算机产品与流通，2019(01)：213.
[64] 莫玲，麦康机 . 基于机器视觉的车牌识别系统设计 [J]. 机电工程技术，2018，47(11)：112-116.
[65] 张峰 . 机车故障轨边图像检测系统（TLDS）的设计 [D]. 北京：北京工业大学，2018.
[66] 陈兵旗，吴召恒，李红业，等 . 机器视觉技术的农业应用研究进展 [J]. 科技导报，2018，36(11)：54-65.
[67] 潘磊，赵亮，刘丁丁，等 . 基于车牌号码识别的机器视觉系统设计 [J]. 中国设备工程，2018 (11)：160-162.
[68] 漆志亮 . 基于机器视觉的点胶机工件定位研究 [D]. 南昌：南昌大学，2018.
[69] 赵涟漪 . 基于 OpenCV 机器视觉的玻璃缺陷检测系统的研究 [J]. 宁夏师范学院学报，2018，39(04)：67-72.
[70] 王园 . 圆光栅安装偏心误差测量与补偿技术 [D]. 合肥：合肥工业大学，2018.
[71] 朱亚旋 . 基于机器视觉的转子挂线自动检测技术研究 [D]. 南京：东南大学，2018.
[72] 谢永杰，智贺宁 . 基于机器视觉的图像识别技术研究综述 [J]. 科学技术创新，2018(07)：74-75.
[73] 王璐 . 宽厚板轧制过程中基于图像处理系统的全自动转钢和展宽技术 [J]. 山西冶金，2018，41(01)：88-89+113.
[74] 刘旭 . 钢轨廓形关键参数计算与处理 [D]. 上海：上海工程技术大学，2017.
[75] 万子平，马丽莎，陈明，等 . 机器视觉的零件轮廓尺寸测量系统设计 [J]. 单片机与嵌入式系统应用，2017，17(12)：32-34+58.
[76] 周航，杜志龙，武占元，等 . 机器视觉技术在现代农业装备领域的应用进展 [J]. 中国农机化学报，2017，38(11)：86-92.
[77] 唐旭 . 基于机器视觉的双臂机器人智能分拣系统关键技术研究 [D]. 哈尔滨：哈尔滨工业大学，2017.
[78] 叶曜坤 . 工业互联网建设须重视技术、数据与安全 [J]. 中国电信业，2017(04)：75-77.

[79] 商萌萌．运动物体相对位置的视觉检测算法的研究 [D]. 哈尔滨：哈尔滨理工大学，2017.

[80] 孙志伟，袁琳，叶丹，等．水生态监测技术研究进展及其在长江流域的应用 [J]. 人民长江，2016，47(17)：6-11+24.

[81] 范延军．基于机器视觉的先进辅助驾驶系统关键技术研究 [D]. 南京：东南大学，2016.

[82] 何峰．镨 / 钕混合溶液图像污渍点去除方法研究 [D]. 南昌：华东交通大学，2016.

[83] 季秀怡．浅析人工智能中的图像识别技术 [J]. 电脑知识与技术，2016，12(14)：147-148.

[84] 尚会超，杨锐，段梦珍，等．机器视觉照明系统的关键技术分析 [J]. 中原工学院学报，2016，27(03)：16-21.

[85] 袁继广．基于机器视觉的薄壁件振动模态测试方法研究 [D]. 湘潭：湖南科技大学，2016.

[86] 彭超．透明玻璃平板表面缺陷在线检测系统的研究 [D]. 杭州：浙江工业大学，2016.

[87] 牛品菽．基于图模型的高效聚类算法研究 [D]. 北京：北京交通大学，2016.

[88] 蒋树强，闵巍庆，王树徽．面向智能交互的图像识别技术综述与展望 [J]. 计算机研究与发展，2016，53(01)：113-122.

[89] 王欢．利用 Kinect 传感器的三维扫描系统研究 [D]. 重庆：重庆大学，2015.

[90] 管经纬．基于机器视觉的工件自动分拣系统研究 [D]. 上海：东华大学，2015.

[91] 易贞弟．基于机器视觉的零件表面缺陷检测技术研究 [D]. 沈阳：沈阳理工大学，2015.

[92] 张阁阁．基于机器视觉的磁性零件缺陷检测技术研究 [D]. 西安：西安电子科技大学，2014.

[93] 葛恒山．蛇形探测机器人的双目视觉系统研究 [D]. 长沙：中南大学，2014.

[94] 叶文忠．基于二元分类的视频运动目标跟踪算法研究 [D]. 广州：华南理工大学，2014.

[95] 陈铭浩．木陶瓷表面孔隙结构及其对摩擦性能影响研究 [D]. 长沙：中南林业科技大学，2014.

[96] 董富强．基于机器视觉的零件轮廓尺寸精密测量系统研究 [D]. 天津：天津科技大学，2014.

[97] 谢鑫．输电线路除冰机器人视觉系统的研究 [D]. 兰州：兰州理工大学，2013.

[98] 徐彩云．图像识别技术研究综述 [J]. 电脑知识与技术，2013，9(10)：2446-2447.

[99] 吴君强．电路板芯片引脚焊接缺陷机器视觉检测系统 [D]. 天津：天津科技大学，2013.

[100] 李刚．形状图像识别技术及应用研究 [D]. 广州：广东工业大学，2012.

[101] 李剑波．液晶显示器电极偏差自动补正系统设计 [D]. 南京：南京理工大学，2012.

[102] 谢松莲．基于复杂背景的工件特征提取关键技术研究 [D]. 镇江：江苏科技大学，2012.

[103] 吴文忠．基于 ARM9 的 CMOS 图像采集系统的设计与实现 [J]. 微型机与应用，2011，30(13)：83-87+91.

[104] 洪深求，董浩，李晓辉，等．基于机器视觉的烟用接装纸几何参数测量系统的设计应用 [J]. 烟草科技，2011(04)：14-18.

[105] 刘恋．智能同轴光源在 AOI 中的应用 [C]// 四川省电子学会 SMT 专委会，广东省电子学会 SMT 专委会，陕西省电子学会，陕西省电子学会 SMT 专委会，上海市电子学会 SMT 专委会 .2010 中国高端 SMT 学术会议论文集．东莞市神州视觉科技有限公司，2010：369-373.

[106] 丛家慧．引入人类视觉特性的带钢表面缺陷检测与识别方法研究 [D]. 沈阳：东北大学，2010.

[107] 盛遵冰．机器视觉图像检测与定位系统关键技术研究 [D]. 哈尔滨：哈尔滨工业大学，2009.

[108] 姜迈 . 基于 CCD 技术的旋翼共锥度测量系统设计与实现 [D]. 哈尔滨：哈尔滨工程大学，2009.

[109] 曹军，王行恒 . 坐标系统变换在图像处理中的应用与实现 [J]. 计算机与数字工程，2008(07)：148-151.

[110] 张莲 . 异型齿廓形状的计算机视觉检测技术 [D]. 济南：山东大学，2008.

[111] 伍济钢 . 薄片零件尺寸机器视觉检测系统关键技术研究 [D]. 武汉：华中科技大学，2008.

[112] 岳文辉，肖兴明，唐果宁 . 图像识别技术及其在机械零件无损检测中的应用 [J]. 中国安全科学学报，2007(03)：156-161+3.

[113] 李杨果 . 视觉检测技术及其在大输液检测机器人中的应用 [D]. 长沙：湖南大学，2007.

[114] 李响 . 印刷电路板智能检测系统设计 [D]. 北京：北京交通大学，2007.

[115] 曹江中 . 基于视频检测的高速公路交通信息采集系统研究与实现 [D]. 广州：广东工业大学，2006.

[116] 徐斌 . 基于机器视觉的管孔零件尺寸测量系统 [D]. 武汉：武汉理工大学，2006.

[117] 王亚鹏 . 机器视觉系统中镜头的选用技巧 [J]. 自动化博览，2006(01)：29-31.

[118] 武立树 . 自动视觉系统在芯片印字检测中的应用研究 [D]. 天津：天津大学，2005.

[119] 刘焕军，王耀南，段峰 . 机器视觉中的图像采集技术 [J]. 电脑与信息技术，2003(01)：18-21.

[120] 谢存 . 计算机视觉中若干问题实现技术和算法的研究 [D]. 大连：大连理工大学，2002.